進化型QFDによる技術情報の"使える化"

FMEA・DRBFM・品質工学・FTA・TRIZの効率的活用

岡 建樹・奈良岡 悟 [著]

日科技連

推薦のことば

　本書では、開発プロセスに存在する悪魔のサイクルを回避するために、固有技術・管理技術・汎用技術の三位一体を目的とした進化型の QFD(品質機能展開)として、"技術情報の使える化：QFD-Advanced" という新たなフレームワークを提案している。

　QFD は製品の開発情報を二元表で整理し、情報の"見える化"を行うとともに、開発にかかわるメンバーでこれらの情報を共有することで、部門間のコミュニケーションを高めることに貢献してきた。

　しかし、QFD が得意とする情報の整理と見える化に対して、例えば、重要な品質特性や部品特性に対する設計値が定まった際に、これを実現するのが困難な場合の対応や、ボトルネック技術をどのように解決するかまでの解答を示してくれない、といった指摘があったのも事実である。これについては、QFD と他の管理・改善手法との融合が必要となることから、QFD と実験計画法、品質工学、TRIZ との融合に関する研究が進められているが、まだまだ途上の段階である。

　本書で提案されている QFD-Advanced は、QFD のさらなる発展の可能性を示している。さらには、IT システムである iQUAVIS を使用することで、従来よりも容易な QFD と管理・改善手法の融合を可能としている。QFD が製品開発において，よりよい方法論となるために、さらには QFD-Advanced の考え方がこれからの製品開発プロセスの管理に貢献すると考えられることから、ここに本書を推薦したい。

2019 年 1 月

玉川大学経営学部　教授

永井　一志

まえがき

　QFD のような各種の手法を活用する動機にはさまざまなものがある。その動機の説明の例としてよく知られているのが、いわゆる「悪魔のサイクル」である。商品化プロセスにおける代表的な悪魔のサイクルを図1に示す。

　サイクルのスタートとして、図1の中央上部の、ある製品で市場クレームが多発している状態を考える。当然ながら、その対策には人手を取られる。その結果として、開発や設計のリソースが不足し、開発や設計の質が低くなる。開発や設計の質が低下すると、試作した製品の信頼性が低下し、信頼性試験でNGの結果が頻発する。それに対して、開発や設計で対応するのであるが、リソース不足で十分な対応ができないことが多い。また、芳しくない試験結果のままで量産に向かうと、工程品質が不安定になる。そして、その結果として、市場クレームがさらに増加するというサイクルである。

　このような悪魔のサイクルが起こり始める、つまり、どこかのプロセスで上記のような問題が生じ始めると、そのサイクル全体がどんどん太くなる。その結果、市場対策費の増大や新製品の販売不振などが起こり、利益を圧迫するこ

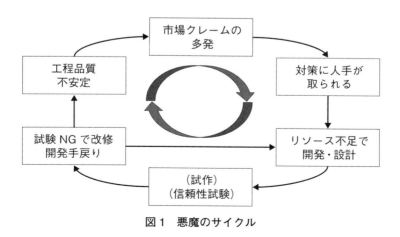

図1　悪魔のサイクル

とになる。また、開発者・技術者も、このサイクルに対応することに追われ、本来の開発設計業務ができないという状況になる。

別の観点であるが、メーカーが提供する製品には、当然ながら何らかの「技術」が組み込まれている。あるいは、そうした「技術」を用いて、製品開発や製品の製造が行われる。これらの、製品がもつべき性能を達成するための技術を「固有技術」と呼ぶ。製品にとって「固有(必須)」の技術ということと、製品を製造するうえで「固有(必須)」の技術であるということの両方の意味を込めている。

メーカーでの製品開発や製品生産で用いる技術には、もう1つの種類がある。上記の「固有技術」を生かして適切に活用するための技術である。具体的には、品質工学、FMEA、TRIZ、FTA、DRBFMなどがよく知られている。本書で述べるQFD・進化型QFDも、そうした技術のひとつである。それらは、対象である固有技術の種類に関係なく用いる技術であるという意味で「汎用技術」と呼ばれている。**図2**で示しているとおりである。図2の中には、固

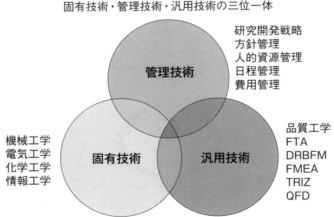

出典) 熊坂治:「ものづくりプロセス革新のススメ」、第67回科学技術者フォーラム交流会資料、科学技術者フォーラム、2015年

図2 汎用技術の位置づけ

有技術と汎用技術以外に、管理技術も示されているが、実際の製品に直接関係する技術としては固有技術と汎用技術の2つであるので、本書では管理技術については触れない。

図1で示した悪魔のサイクルに対応するには、このサイクルのどこかのプロセス、あるいは複数のプロセスにおいて、確実な対策を行い、サイクルを細くする、あるいは断ち切ることが必要である。そのために、汎用技術であるさまざまな手法群が活用される。悪魔のサイクルの各プロセスに対応させて活用する手法の種類と考え方を、**図3**に示す。

例えば、工程品質が不安定で市場クレーム多発につながるということに対しては、発生する可能性のある市場問題を予測し、事前にその問題への対応を行う。未然防止手法である「FMEA」や「DRBFM」を用いることができる。また、信頼性試験に人手がかかる、評価の質が低いということに対しては、「品質工学」を活用することで対応できる。

悪魔のサイクルを分断するには、図3で示したように、各種の手法群（汎用

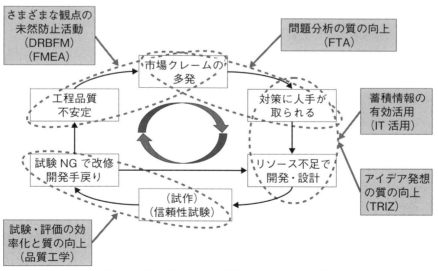

図3　悪魔のサイクルと対応して活用する手法

技術)を適切に活用すればよい。しかしながら、実際のところはなかなか難しい。その理由は、手法群を活用する前提となる情報に課題が多い、すなわち、情報の不足や情報の整理が不十分だからである。

本書で紹介する「進化型 QFD」の考え方を用いることで、図3の中の各手法にかかわる情報を整理することができる。また、進化型 QFD によって、単に情報を整理するだけでなく、その情報から、手法に合った、つまり、目的に合った情報を適切に抽出することができる。その結果として、それらの手法を適切に活用できるようになり、悪魔のサイクルを分断できる。

本書のメインタイトルを、『進化型 QFD による技術情報の"使える化"』とした。これまでの QFD による情報の整理は、単なる"見える化"に相当するが、それだけでは、図3で示した各手法群を適切に活用することができない。しかしながら、進化型 QFD を活用することで、整理された情報から目的に合った情報を適切に抽出でき、各手法を活用できるようになる。進化型 QFD を活用することで、技術情報の"見える化"から"使える化"が実現できるのである。

本書の構成は以下のとおりである。

第1章と第2章では、進化型 QFD の考え方の基盤となっている QFD そのものの概要の紹介と課題の抽出、そして、その課題に対応する進化型 QFD の考え方と全体像を説明する。

第3章と第4章で、進化型 QFD と未然防止手法、アイデア発想法、品質工学などのさまざまな手法(汎用技術)との連携について、事例を含めて説明する。

第5章では、進化型 QFD への理解を深めてもらうことを目的に、開発設計プロセスにかかわる複数の方法論との関係を示す。

第6章では、進化型 QFD の実施に活用できる IT システムである「iQUAVIS」について、具体的なデータの取り扱い方法を含めて紹介する。

なお、「進化型 QFD」という文言であるが、目次と以後の本文では、すべて「QFD-Advanced」と表現する。

謝　辞

　本書は、玉川大学の永井一志教授のご支援なくしては出版することができませんでした。永井教授には、推薦の言葉もいただきました。心より感謝申しあげます。

　また、技術的な内容につきましては、㈱電通国際情報サービス先端技術推進室のメンバーとの議論が大いに参考になりました。特に原稿執筆にあたり、金上裕輔氏、渡瑛人氏には多大なる協力をいただきました。加えて、実際の出版にあたっては、日科技連出版社の鈴木兄宏氏、石田新氏からの数々の示唆、助言をいただきました。皆様に心より感謝いたします。

2019 年 1 月

㈱ISID エンジニアリング

岡　建樹

㈱電通国際情報サービス

奈良岡　悟

目　次

推薦のことば………………………………………………………………… iii
まえがき……………………………………………………………………… v

第 1 章　QFD の概要　　　　　　　　　　　　　　　　　　　　1

1.1　QFD の定義………………………………………………………… 2
　　（1）次元の異なる情報とは　　2
　　（2）機能展開とは　　3
　　（3）二元表を利用しながらつなぐ　　3
1.2　二元表の必要性……………………………………………………… 4
1.3　「機能」を中心に全体を見える化する…………………………… 7
1.4　現状の QFD の課題と対応の考え方……………………………… 7
　　（1）二元表の作成・情報の管理に手間がかかる　　8
　　（2）さまざまな二元表を有効に活用できない　　8
　　（3）二元表からの情報抽出が難しい　　9
　　（4）他手法との連携ができていない　　9

第 2 章　QFD-Advanced とは　　　　　　　　　　　　　　11

2.1　QFD-Advanced の定義…………………………………………… 12
2.2　二元表のネットワーク…………………………………………… 12
　　（1）基本二元表と外側二元表　　12
　　（2）二元表のネットワーク　　13
　　（3）同次元情報間影響外側二元表　　15
2.3　いもづる式ワークシート………………………………………… 19

2.4 QFD-Advanced の全体像 ……………………………………………… 21
2.5 商品化プロセスのフローとの関係 …………………………………… 23
　(1) 商品化プロセスの中における各手法　23
　(2) QFD-Advanced による各手法相互間の連携　24
2.6 鉄道システムとの比較 ………………………………………………… 27
2.7 事例：「給紙搬送システム」の概要 …………………………………… 28
　(1) 事例の概要　28
　(2) 「給紙搬送システム」の基本二元表　29
　(3) 各手法との連携活用事例説明で用いる基本二元表　35

第 3 章　QFD-Advanced の未然防止手法への適用　　　　　　37

3.1 FMEA への適用 ……………………………………………………… 38
　(1) FMEA の概要と課題　38
　(2) システム対応の FMEA での活用　40
　(3) システム対応の FMEA の具体的事例　43
　(4) 部品対応の FMEA での活用　45
　(5) 部品対応の FMEA の具体的事例　47
3.2 DRBFM への適用 …………………………………………………… 49
　(1) DRBFM の概要と課題　49
　(2) 部品の変更点影響分析での活用　52
　(3) 部品の変更点影響分析の具体的事例　54
　(4) 原材料／製造工程の変更影響分析での活用　59
　(5) 原材料／製造工程の変更影響分析の具体的事例　59
　(6) システムの機能間影響分析での活用　62
　(7) システムの機能間影響分析の具体的事例　63

目　次　xiii

第 4 章　QFD-Advanced の設計検討における各種手法への適用　75

4.1　顧客要求品質分析への適用 …………………………………………………… 76
　　（1）品質表の概要と課題　76
　　（2）顧客要求品質－シーン展開二元表の活用　78
4.2　アイデア発想法への適用 ……………………………………………………… 80
　　（1）アイデア発想法の概要　80
　　（2）TRIZ、USIT の概要と課題　83
　　（3）アイデア発想対応外側二元表の活用　85
4.3　品質工学への適用 ……………………………………………………………… 87
　　（1）品質工学の概要と課題　87
　　（2）パラメーター設計と機能性評価の概要　91
　　（3）パラメーター設計、機能性評価の実験計画立案支援への活用　92
　　（4）パラメーター設計対応の具体的事例　97
4.4　問題分析（FTA）への適用 …………………………………………………… 100
　　（1）FTA の概要と課題　100
　　（2）システムの品質問題分析への活用と具体的事例　101
　　（3）部品品質問題分析への活用と具体的事例　104

第 5 章　QFD-Advanced という方法論の位置づけ　111

5.1　知識創造モデル（SECI モデル）との関係 ……………………………………112
　　（1）SECI モデルの概要　112
　　（2）SECI モデルと QFD との関係　113
　　（3）QFD-Advanced との関係　114
5.2　「機能で考える開発」との関係 …………………………………………………115
　　（1）「機能で考える開発」の概要　115
　　（2）「機能で考える開発」と SECI モデルとの関係　115

(3) QFD-Advanced との関係　118
　5.3　MBD との関係 ……………………………………………………119
　　　(1) MBD の概要　119
　　　(2) QFD-Advanced との関係　120
　5.4　「第3世代の QFD」との関係 …………………………………121
　　　(1)「第3世代の QFD」の概要　121
　　　(2) QFD-Advanced との関係　122

第 6 章　QFD-Advanced に対応した IT システム：iQUAVIS　125

　6.1　QFD-Advanced 対応の IT システムに求められる要件 ……………126
　6.2　iQUAVIS とは ……………………………………………………126
　　　(1) iQUAVIS の開発背景と取組み　126
　　　(2) iQUAVIS が実現する3つの「見える化」　128
　　　(3) システムとしての iQUAVIS の特徴　130
　6.3　具体的な活用事例 …………………………………………………131
　　　事例1：設計検討　132
　　　事例2：設計 FMEA　138
　　　事例3：工程 FMEA　142
　　　事例4：DRBFM　145
　　　事例5：誤差因子考慮（品質工学）　151
　　　事例6：問題分析（FTA）　154

引用・参考文献 …………………………………………………………157
索　　引 …………………………………………………………………159

第1章

QFDの概要

　QFD（Quality Function Deployment：品質機能展開）が提案されて、すでに50年が経過しようとしている。その間、開発の見える化、技術の見える化のための有効な手段として活用されてきた。
　本章では、QFD-Advancedの考え方の基盤であるQFDに関して、概要を説明するとともに、現状のQFDの課題と対応の考え方を紹介する。

1.1 QFDの定義

QFDは、開発や生産の現場でよく用いられている手法である。定義や意味するところは、現場や企業によって異なっている場合がある。それを承知のうえで、共通理解に立つために、本書ではQFDに関して、以下の定義を用いる。

> QFDとは、新製品開発にかかわる次元の異なる情報を展開整理し、二元表を利用しながらつなげていく方法である。
>
> 出典）永井一志：『品質機能展開(QFD)の基礎と活用』、日本規格協会、2017年

上記の定義の、「次元の異なる情報」、「展開整理」、「二元表を利用しながらつなぐ」ということについて、順次説明を加えていく。

(1) 次元の異なる情報とは

「次元の異なる情報」について説明する。

例えば自動車でいえば、「安全性、燃費、快適性」といった品質を表す情報と、「車体、エンジン、サスペンション」というようなサブシステムを表す情報とは、並べて比較することができない。安全性とエンジンの仕組みとを比較する意味がないということである。このような情報が、次元の異なる情報である。

商品開発における次元の異なる情報としては、図1.1に示すように、「顧客の要求品質」、「商品の品質特性」、「機能」、「設計パラメーター（部品）」、「原材料／製造工程」がある。これらは、前述のように並べて比較することができない情報である。

図1.1　次元の異なる情報

(2) 展開整理とは

　展開整理とは、対象とする情報を分けて細分化したうえで、階層構造に整理することを意味する。分ける切り口としては、場所(空間)、時間(工程順)、あるいは因果関係がある。分けることで、対象となる情報の意味合いをはっきりとさせることができる。

　例えば、機能について考える。商品やシステムには必ず機能(「働き」ともいう)がある。対象とする機能を理解するには、上述のように、分けて考えることが必要である。自動車の運動に関する機能であれば、「自動車を動かす」という機能を、「走る」、「止まる」、「曲がる」に分けることができる。「走る」と「止まる」は時間で分けており、また「走る」と「曲がる」は方向が異なるので空間で分けているといえる。さらに「走る」は、「加速する」、「定速で走る」、「減速する」に、さらに細かく分けることができる。

　情報を分けた後、それらの情報群を階層構造に整理する。階層構造とは、いわゆるツリー形態に整理することを意味する。それが展開整理するということである。

　本書では、さまざまな手法との連携に関して、具体的事例を示すための対象のシステムを 2.7 節で紹介し、全編でそれを用いて説明している。詳細は 2.7 節にゆだねるとして、そこで紹介している「給紙搬送システム」の機能展開のみ、**表 1.1** に示す。展開という考え方を理解してもらうためである。詳細な技術内容は 2.7 節で説明するが、表 1.1 より、階層構造になっていることがわかる。

(3) 二元表を利用しながらつなぐ

　図 1.1 で示したように、新製品開発にかかわる次元の異なる情報としては、「顧客の要求品質」、「商品の品質特性」、「機能」、「設計パラメーター(設計 P)(部品)」、「原材料／製造工程」がある。そして、各次元にも多くの情報が存在する。それらを次元ごとに展開整理する、つまり、階層構造に整理する。

　そのうえで、各次元において展開整理した情報を 1 つの軸として、図 1.1 の

表 1.1 給紙搬送システムの機能展開

用紙を1枚のみ、先端を合わせて送り出す（給紙搬送の主機能）																
用紙を収納する		用紙の有無を検出する		用紙をさばき部に送り出す			用紙をさばいて1枚のみ送り出す					用紙先端を合わせる				
用紙の幅方向の位置を決める	用紙の後端の位置を決める	用紙部に光を照射する	光を検出する（透過あるいは反射）	ローラを用紙に接触させる	用紙に搬送力を与える	用紙先端をフィードローラ位置に移動させる	用紙をローラ対で挟み込む	1枚目の用紙に搬送力を与える	1枚目の用紙をタイミングローラ部にまで送る	2枚目の用紙に戻り力を与える	2枚目の用紙を戻す	用紙先端位置を検出する	タイミングローラを停止する	用紙先端をタイミングローラに接触させる	タイミングローラを回転開始する	タイミングローラで用紙を送り出す

中で互いに関連している情報間を、それぞれの情報を縦軸、横軸として、二元表でつなぐことができる。図1.1では、5つの次元の異なる情報が示されており、**図1.2**に示すように、4つの二元表を用いてつなぐことができる。その4つの二元表で、システムの全体を表現することができるということである。この4つの二元表を、本書では「基本二元表」と呼ぶ。詳しくは、第2章で説明する。

1.2 二元表の必要性

　製品のアーキテクチャには、摺り合せ型とモジュラー型の2つの型があることが知られている。自動車やプリンタが前者であり、パソコンシステムは後者

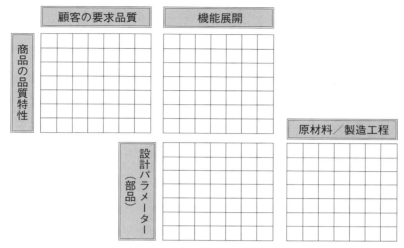

図 1.2　基本二元表群の全体像

図 1.3　2 種類の製品構造：摺り合せ型とモジュラー型の例

になる。**図 1.3** に、その 2 つの型を比較して示す。

- 摺り合せ型（自動車）：品質（性能）とサブシステムの関係が複雑

  安全性、燃費、快適性という品質（性能）と、サブシステムであるフレーム、エンジン、足回りとは複雑な関係にある。

- モジュラー型（パソコンシステム）：品質（性能）とサブシステムが 1：1

計算処理、プリント、投影という性能と、サブシステムに相当するパソコン本体、プリンタ、プロジェクタとは、1対1に対応している。

図1.3の関係をもとに、2つの製品構造について、縦軸に品質(性能)、横軸にサブシステムをとったのが**図1.4**である。摺り合せ型では、程度の差はあるが、多くのサブシステムが1つの品質(性能)にかかわっている。1つのサブシステムが多くの品質(性能)にかかわっているともいえる。モジュラー型では、図1.4にあるように、1つの品質(性能)は1つのサブシステムで決まる。

摺り合せ型の場合、品質(性能)を確保するには、当然ながら、その品質(性能)とサブシステムの間の複雑な関係を知ることが必要である。二元表を用いることで、その関係を明確に表現できていることがわかる。つまり、摺り合せ型の製品構造をもつ商品やシステムにおいては、その技術の内容や技術同士の関係を理解するには、二元表による整理が必要ということである。モジュラー型では、その関係が1：1で明確なので、特に二元表による整理は必要ない。しかしながら、モジュラー型であっても二元表に整理することで、本当にその商品やシステムがモジュラー型なのかどうかを確認することができる。

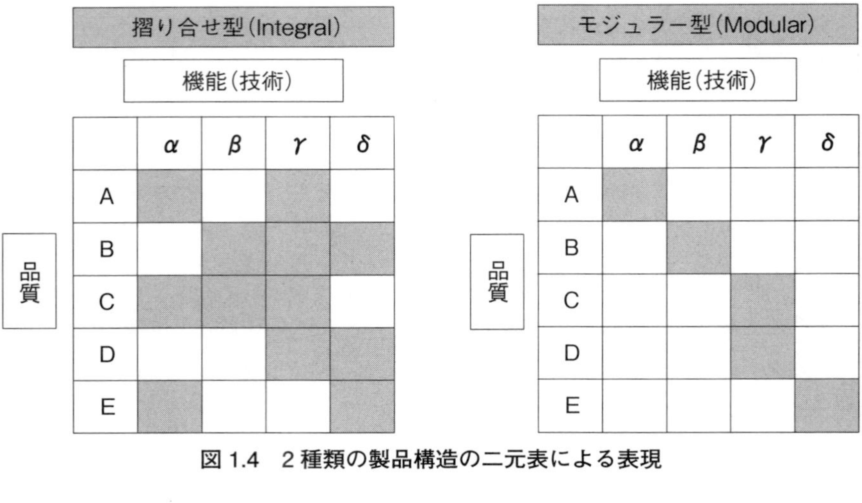

図1.4　2種類の製品構造の二元表による表現

1.3 「機能」を中心に全体を見える化する

　図1.2で示した4つの二元表による全体の整理（見える化）において、中心にあるのは機能展開であり、機能展開を中心に全体を整理している。

　本書では、第2章以降で、QFDを基本として、さまざまな手法との連携を行うための考え方や具体的方法を示していく。そうした手法間連携を考えるときに、キーとなるのが「機能」である。なぜならば、各手法において「機能」という概念が存在しており、「機能」によって各手法がつながっているといえるからである。

　具体的に、各手法における「機能」の意味合いを、以下に示す。

- QFD（二元表）：「機能（展開）」を中心に全体を整理する。
- 品質工学：「機能」を評価し、「機能」の安定性を向上させる。
- TRIZ、USIT：「機能」間の矛盾を解決するアイデアを出す。
- VE（価値工学）：「機能」を定義したうえで、コストとの比を価値と定義する。
- SQC（統計的品質管理）：「機能」の定量的、統計的な評価方法を含む。
- MBD（1Dモデル）：「機能」をモデル化し、定式化する。「機能」をつなげて全体を表現する。

　上記の手法の中には、本書で連携して活用する方法を提案している手法もあるが、触れていない手法もある。触れていない手法に関しても、「機能」という共通の概念をもっていることから、連携して活用できる可能性は高い。

1.4　現状のQFDの課題と対応の考え方

　QFDはさまざまな会社で活用されているが、必ずしも十分に効果を発揮しているとはいえない場合もある。現状のQFDが抱えている課題を4つに集約するとともに、それらへのQFD-Advancedによる対応を以下に示していく。

(1) 二元表の作成・情報の管理に手間がかかる

1つ目は、二元表を作成することの有効性は理解できているが、実際に二元表を作成しようとすると、結構ハードルが高いという課題である。そのため、二元表の作成に精力を使ってしまって、実際に活用するところまで進まず、結果として、二元表の効果が出ないという状況になる。また、二元表の情報を適宜更新していくことも必要であるが、通常用いられる Excel ベースの二元表では、その点のやりにくさがある。更新の漏れ、あるいは、一部のみ更新を行うなど、関連情報の更新忘れが起こりやすい。

この課題に対しては、IT を徹底的に活用することで対応する。本書の第6章で述べる「iQUAVIS」という IT システムを用いることで、Excel での二元表作成と比較して手間を削減できる。また、情報の更新や関連情報の更新漏れをなくすこともできる。詳細は、第6章で述べる。

(2) さまざまな二元表を有効に活用できない

2つ目の課題は、さまざまな二元表を使いこなせていないということである。二元表にはさまざまな種類があるが、それらを使えない、だから作成もしていない、ということである。これに対しては、QFD-Advanced による基本二元表と外側二元表、および二元表のネットワークという概念を提案する。従来の QFD で主に使われている二元表群を基本二元表としたとき、実際の開発活動を行うにはそれだけでは情報として不十分な場合が多い。それに対して、基本二元表では書ききれない、あるいは、表現しきれない周辺情報を、活用目的に応じて二元表の形で基本二元表の外側に配置することで対応する。それらを外側二元表と呼ぶ。基本二元表と外側二元表は、互いにつながった構造をしているので、全体を「二元表のネットワーク」ということにする。詳細は、2.2節で説明をする。

（3）二元表からの情報抽出が難しい

3つ目の課題は、作成した二元表を効果的に活用できていないということである。Excelベースの二元表では、活用するための情報の抽出を、二元表を見ながら担当者が行う。その場合、抽出自体の漏れや関連情報の抽出漏れ、過剰な情報の抽出になってしまう場合がある。それに対して、ITを活用することで、二元表の関係性をもとに、紐づけられた情報を漏れなく適切に抽出できる仕組みを作って対応する。大きな二元表であっても、複数以上の数の二元表群であったとしても、確実に抽出できる。その抽出の仕組みを本書では「ワークシート」と呼び、2.3節で詳しく説明する。

（4）他手法との連携ができていない

4つ目の課題は、他の手法との連携である。二元表を作成し活用すれば開発が進むのではない。他の手法との連携が必要である。連携を効率よく確実に行うには、その連携の考え方をもとにした、二元表群からの情報抽出の仕組みが必要である。各手法との連携のための外側二元表と、それを含めた二元表のネットワークからの情報抽出の仕組みを、手法連携のための「ワークシート」として提案している。

上記の4つの課題と対応の考え方の全体像を、表1.2に示す。QFD-Advancedの特徴は、二元表情報の拡大と質の向上を図るための「二元表のネットワーク（基本二元表＋外側二元表）」と、二元表のネットワークをたどって紐づけられた情報をいもづる式に引き出して表示する「ワークシート」の2つをもっていることである。

表 1.2 現状の QFD の課題と QFD-Advanced での考え方

	課題	対応の考え方
(1)	二元表の作成・情報の管理に手間がかかる	IT を徹底的に活用する
(2)	さまざまな二元表を有効に活用できない	二元表のネットワークを作成する 二元表の関係性に情報を紐づける
(3)	二元表からの情報抽出が難しい	情報の抽出と表示を確実の行う仕組み(ワークシート)を構築する
(4)	他手法との連携ができていない	QFD と他の手法との連携をするための仕組みを構築する

第 1 章のまとめ

　QFD(品質機能展開)について、その定義をもとに、基本となる考え方を紹介した。特に、摺り合せ型の技術構造をもつ製品にとって必要な技術の整理方法であることを明らかにした。

　そのうえで、現状の QFD 活用での 4 つの課題を紹介し、そのそれぞれについて、詳細と対応の考え方を紹介した。対応の考え方の中心は、「二元表のネットワーク」と「ワークシート」である。

第2章

QFD-Advancedとは

　本章では、最初に、1.1節で示したQFDの定義と対比する形で、QFD-Advancedの定義を紹介する。

　次いで、QFD-Advancedを特徴づけており、1.4節で現状のQFDの課題への対応の考え方において示した、「二元表のネットワーク」と「ワークシート」について説明を行う。

　その後それらを含むQFD-Advancedの全体像、および商品化プロセスの中での位置づけを、図を用いたり交通システムとの比較を通して明らかにする。

　最後に、次章以降の各手法との連携の具体的な説明で用いる事例システムについて説明する。

2.1 QFD-Advanced の定義

まず、1.1 節で示した QFD の定義と比較する形で、QFD-Advanced の定義を示す。

> QFD とは、新製品開発にかかわる次元の異なる情報を展開整理し、二元表を利用しながらつなげていく方法である。

> QFD-Advanced とは、新製品開発にかかわる次元の異なる情報を整理した基本二元表と、その外側に位置する目的別の外側二元表とを用いて、目的に合った情報を抽出し活用できるようにする方法である。

次節以降で、目的別の「外側二元表」、目的に合った情報を抽出するための「いもづる式ワークシート」の詳細を説明する。

2.2 二元表のネットワーク

(1) 基本二元表と外側二元表

新規な概念である「外側二元表」を、対である「基本二元表」と合わせて説明する。

基本二元表：新製品開発にかかわる次元の異なる情報をそれぞれつないだ二元表群。すべての二元表が1つにつながっている。

外側二元表：基本二元表を構成する軸のひとつと別の軸との二元表。つながった基本二元表の外側に位置する。

例として、基本二元表のひとつである品質表(顧客要求品質－品質特性二元表)と、それに対応する外側二元表である顧客要求品質－シーン展開二元表を図 2.1 に示す。顧客要求品質－シーン展開二元表は、品質表の縦軸である顧客の要求品質という情報と、顧客の種類、使われる時間や場所という情報(活用シーン情報)との関係を示したものである。顧客の種類や、商品やシステムが

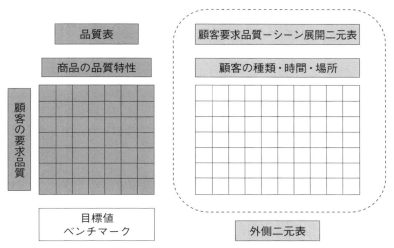

図 2.1　基本二元表と外側二元表の例

使われる時間、場所によって、顧客の求めているところは異なる場合が多い。それを明らかにするための二元表である。この二元表により、商品やシステムに対して、顧客の種類や活用シーンによって、どのような要求品質、品質特性が求められているかが明確になる。そして、商品やシステムを企画するうえで、有用な参考情報となる。今までの基本二元表(品質表)だけでは、これらの情報を示すことができず、活用シーンごとの分析を適切に行うことができなかった。

　また、基本二元表でも外側二元表でも、IT を活用することで、二元表のマス目に情報間の対応関係の内容を埋め込むことができる。図 2.1 の二元表であれば、ある特定の顧客がどうして特別な要求品質を求めるのか、あるいは、ある要求品質が求められるのがなぜその時間や場所であるのか、などの情報を埋め込める。

(2)　二元表のネットワーク

　次に「二元表のネットワーク」に関して説明する。図 2.2 に、基本二元表群と外側二元表群の全体像を示してある。濃いアミカケの二元表が基本二元表、

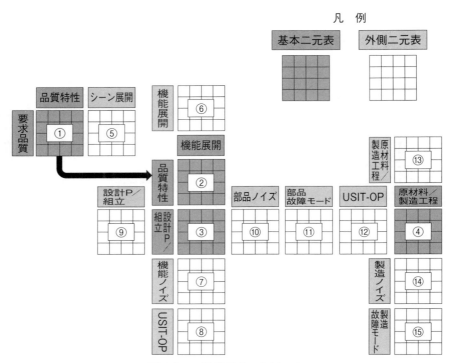

図 2.2　二元表のネットワーク

アミカケがない二元表が外側二元表であり、この図全体を、「二元表のネットワーク」と呼ぶ。基本二元表はお互いにつながった二元表群であり、その基本二元表に、各種の外側二元表がつながっている。その結果、全体として、いわゆるネットワーク構造となっている。

基本二元表(①〜④)は、対象システムを整理するときに基本となる二元表群を指す。1.1 節の図 1.2 で示している二元表群である。1.1 節でも説明したように、5 つの次元の異なる情報(顧客要求品質、品質特性、機能展開、設計パラメーター(部品)、原材料／製造工程)をそれぞれつないだ 4 つの二元表群から成り立っている。従来の QFD で用いている二元表群である。

それに対して、上記の 5 つの情報とそれ以外の情報を軸とした二元表(⑤〜

⑮)を、品質表に対する顧客要求品質－シーン展開二元表の説明で示したように、外側二元表と呼ぶ。それ以外の情報とは、図2.2における、「故障モード」、「ノイズ」、「シーン展開」などを指す。

図2.2の基本二元表群、外側二元表群について、図中の番号に沿って、その名称と概要を、表2.1、表2.2に示す。外側二元表の詳細は、第3章以降で、事例と合わせて説明を行う。

(3) 同次元情報間影響外側二元表

外側二元表の中に、基本二元表を構成する情報と同じ情報をもう1つの軸とした二元表がいくつかある。機能展開同士の二元表、設計パラメーター／組立同士の二元表、原材料／製造工程同士の二元表である。これらは、QFDでは「三角帽子」と呼ばれている部分である。図2.3の中に、代表的な三角帽子を示している。機能にかかわる三角帽子として「機能間影響」、設計パラメーター／組立工程にかかわる三角帽子として「設計パラメーター／組立工程間影響」、部品製造のための原材料／製造工程にかかわる三角帽子として「原材料／製造

表2.1 基本二元表の一覧

図2.2の番号	二元表名称(基本二元表)	概要
①	顧客要求品質－品質特性二元表	顧客の声を集約した要求品質と、商品やシステムの仕様である品質特性との関係を示す(一般に「品質表」という)
②	品質特性－機能展開二元表	商品やシステムの仕様と、それを実現するための機能展開との関係を示す
③	機能展開－設計パラメーター(部品や組立工程)二元表	機能と、機能を果たすための設計パラメーター(部品とその特性)＆組立工程との関係を示す
④	設計パラメーター(部品)－原材料／製造工程二元表	設計パラメーターのひとつである部品の特性と、部品を製造するための原材料／製造工程との関係を示す

表 2.2 外側二元表の一覧

図 2.2 の番号	二元表名称(外側二元表)	概要
⑤	顧客要求品質－シーン展開二元表	顧客のどのようなシーンで、顧客の要求品質が出てくるかを示す
⑥	機能間影響二元表	縦軸と横軸に同じ機能展開をとって、機能同士の影響の有無を示す
⑦	機能展開－機能ノイズ二元表	機能に対して、機能ノイズがどのように影響を与えるかを示す
⑧	機能展開－USIT オペレーター二元表	機能に関するオペレーター一覧との関係を示す
⑨	設計パラメーター／組立工程間影響二元表	縦軸と横軸に同じ要素(設計パラメーター／組立工程)をとって、互いの影響の有無を示す
⑩	設計パラメーター(部品)－部品ノイズ二元表	設計パラメーター(部品)に対して、部品ノイズがどのように影響を与えるかを示す
⑪	設計パラメーター／組立工程－故障モード二元表	設計パラメーター／組立工程における故障モードが、どのように関係しているかを示す
⑫	部品－USIT オペレーター二元表	部品と属性に関するオペレーター一覧との関係
⑬	原材料／製造工程間影響二元表	縦軸と横軸に同じ要素(原材料／製造工程)をとって、互いの影響の有無を示す
⑭	原材料／製造工程－製造ノイズ二元表	原材料／製造工程に対して、製造ノイズがどのように影響を与えるかを示す
⑮	原材料／製造工程－故障モード二元表	原材料／製造工程における故障モードが、どのように関係しているかを示す

工程間影響」がある。それぞれが、同じ情報同士で構成されている外側二元表に対応している。図 2.2 の中の、⑥、⑨、⑬の二元表である。

　三角帽子の意味合いを、「原材料／製造工程間影響」を題材に説明する。**図 2.4** の中の二元表は、縦軸が設計パラメーター(部品)で横軸が原材料／製造工

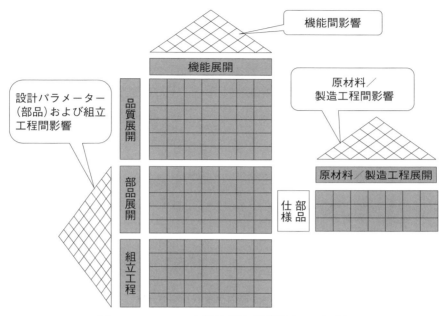

図 2.3　QFD の三角帽子（同じ情報同士の二元表）

程の、設計パラメーター（部品）−原材料／製造工程二元表である。P1〜P5 はそれぞれ部品の特性であり、M1、M2 は原材料の特性、S1〜S3 は製造工程の条件とする。

　ここで、製造条件 S1（例えば、製造装置の温度）を変更する場合を考える。S1 を変更するときに、次の2つの影響があるとする。1つ目は、S1 の変更に伴って、原材料の特性のひとつである M1 を必ず変更しなければならないことである。2つ目が、S1 の変更によって別の製造条件（トルクや圧力など）のひとつの S3 が変化する場合があることである。

　1つ目の場合、M1 を変更する可能性を見落とす、つまり M1 を変更することなく製造すると、部品の特性 P3 が変化してしまう。二元表から S1 と P3 の関係はわかっているが、図 2.4 の中の三角帽子を参照しないと、M1 を変更しないことによる P3 への影響までは見出せない。

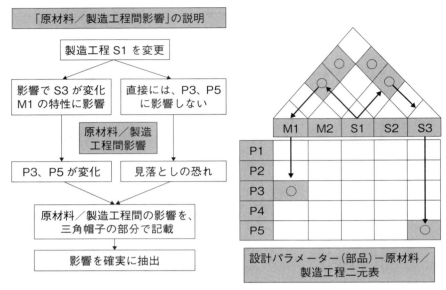

図 2.4 三角帽子の意味合いの説明

2つ目の場合、S1 の変化の影響による S3 の変化を見落とすと、二元表に関係性が示されているように、部品の特性 P5 が変化してしまう。S1 と P5 との間の直接的な関係は二元表には示されていないので、三角帽子を参照しないとこの変化を見落としてしまう。

このようなことを防ぐには、製造条件 S1 が他の製造条件 S3 や原材料の特性 M1 に影響を与える、という事実を記述する手段が必要になる。図 2.4 のように、「原材料／製造工程」の展開の上に、マトリックスの半分に相当する三角帽子を設けることで示すことができる。これが QFD の三角帽子の意味合いである。

その三角帽子を、QFD-Advanced では、三角形ではなく、同じ情報を縦軸と横軸に配置した二元表で表現している。すなわち、同次元情報間影響外側二元表(⑥、⑨、⑬)である。

同次元情報間影響外側二元表の具体的な内容については、第 3 章、第 4 章に

おいて、未然防止手法である FMEA や DRBFM、あるいは問題分析手法である FTA の紹介の中で詳しく説明する。

2.3 いもづる式ワークシート

いもづる式ワークシートとは、二元表の関係性をもとに、関係している情報をつないだ状態で漏れなく引き出し、それを表形式で表示したものを意味する。

図 2.2 と同じ、品質表と顧客要求品質−シーン展開二元表を事例に説明する。顧客の種類に応じて、「求められる商品の品質特性は何か？」を引き出すのが目的である。

図 2.5 に、ワークシートでの情報抽出フローを示す。顧客の種類(右表の列見出しの左部分)を起点とすると、外側二元表で示されている関係によって、

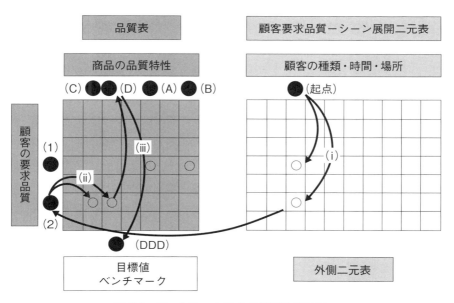

図 2.5　ワークシートによる情報抽出フロー

その顧客にとっての要求品質が何であるかを抽出できる。次に、その要求品質に対応する商品やシステムの品質特性は何かを、左側の二元表である品質表が示す関係性から抽出する。最後に、その品質特性の目標値を抽出するという手順である。

最初に設定した、顧客の種類に対応する情報を抽出するという目的に沿って、二元表の関係性としてつながっている情報のみをいもづる式に抽出しているので、漏れやダブリは起こらない。

そうして抽出した情報を、一覧表の形で表示する。これがいもづる式ワークシートである。図2.5で示したフローをいもづる式ワークシートにしたのが**図2.6**である。図2.5における(i)〜(iii)が、図2.6の(i)〜(iii)に相当する。数字で示す順序で情報を抽出していくという意味である。起点である「顧客の種類」に関係づけられている「顧客の要求品質」、それに関係づけられている「商品の品質特性」、そして、その「品質特性の目標値」を、漏れなく系統的に表示できる。

また、図2.6には、「内容」と記載された項目がある。ここには、先に説明した、二元表の関係性のところに埋め込まれた情報が、ITを活用することで

顧客の種類	内容	顧客の要求品質	内容	品質特性	品質特性目標値
商品やシステムの対象である顧客の種類（起点）	顧客種類と顧客の要求品質との関係の詳細	対応する要求品質(1)	顧客要求と品質特性との関係の詳細	対応する品質特性(A)	AAA
			同上	同上(B)	BBB
	同上	対応する要求品質(2)	同上	同上(C)	CCC
			同上	同上(D)	DDD

図2.6　情報抽出結果のワークシート表示の例

自動的に抽出され、表示される。(i)における内容であれば、なぜその顧客が対応する要求をもっているのかが表示される。(ii)における内容であれば、顧客の要求と商品の品質特性とがどのような関係にあるかが表示される。

2.4 QFD-Advanced の全体像

QFD-Advanced を特徴づけている「二元表のネットワーク」、および「いもづる式ワークシート」と、各種手法との連携の様子を**図 2.7** に示す。中心にある基本二元表群に対して、目的に対応したさまざまな外側二元表とワークシートを設定している。こうすることで、同じ基本二元表の情報を用いながら、周辺の各手法を効果的に活用することができるということを示している。

図 2.7 の全体像により、1.4 節で示した現状の QFD の課題への対応ができているということを、**図 2.8** を用いて説明する。

図 2.8 の二元表は、縦軸が QFD-Advanced の活用目的とそのときに連携し

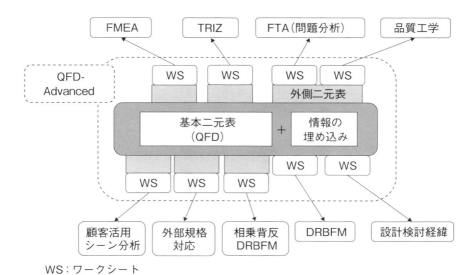

WS：ワークシート

図 2.7　QFD-Advanced と各手法との連携の全体像

活用目的	目的に合わせた情報の抽出(WS)	基本二元表	外側二元表					二元表の関連性に情報付加
			シーン分析	同次元情報間	ノイズ(誤差因子)	故障モード	ヒント集	
未然防止	FMEA	○				○		
未然防止	DRBFM	○		○				○
製品設計	顧客要求対応	○	○					○
製品設計	TRIZ USIT	○					○	
製品設計	品質工学	○			○			
問題分析	FTA	○		○	○	○		○

図2.8 活用目的および手法と QFD-Advanced のツールとの関係

て用いる手法を示しており、横軸が、QFD-Advanced を構成しているツール群を示している。具体的には、「基本二元表」、「外側二元表」、「ワークシート(WS)」、「二元表の関連性への情報付加」であり、「外側二元表」に関しては、本書で説明を行う外側二元表群を並べている。図2.7の全体像を、二元表の形で表現し直したものである。

縦軸に示した活用目的とそのときに連携して用いる手法と、横軸の外側二元表などのツール群との間で、関係するところに○をつけてある。これは、活用目的と連携する手法に対して、QFD-Advanced の中のどのようなツールを用いるかを示している。例えば、未然防止のために、FMEA 手法を活用するには、基本二元表、故障モード外側二元表から情報を抽出し、FMEA 用ワークシートを用いるということが図2.8からわかる。

また、1.4節で示した QFD の課題への QFD-Advanced での対応の考え方の位置づけを、図2.8をもとにして表示したのが**図2.9**である。4つの課題を(1)〜(4)で示している。各課題への対応の考え方の組合せによって、QFD-Advanced の全体像が形成されていることが理解できるだろう。

2.5 商品化プロセスのフローとの関係

活用目的	目的に合わせた情報の抽出(WS)	基本二元表	外側二元表					二元表の関連性に情報付加
			シーン分析	同次元情報間	ノイズ(誤差因子)	故障モード	ヒント集	
未然防止	FMEA	○				○		
未然防止	DRBFM	○		○				○
製品設計	顧客要求対応	○	○					○
製品設計	TRIZ USIT	○					○	
製品設計	品質工学	○			○			
問題分析	FTA	○		○	○	○		○

(3)二元表からの情報抽出 / (1)二元表作成課題対応 / (2)さまざまな二元表の活用 / (4)他手法との連携

図 2.9　QFD の課題への対応策の位置づけ

2.5　商品化プロセスのフローとの関係

　本節では、二元表のネットワークを用いた各手法との連携の状況を、商品化プロセスのフローの中で示す。そうすることで、それぞれの手法間の関係も明らかになる。そのうえで、そのフローにおける QFD-Advanced の位置づけを示し、QFD-Advanced が各手法の連携を支援しているということを明らかにする。

(1) 商品化プロセスの中における各手法

　商品化プロセスの表現方法はいろいろあるが、ひとつのモデルとして、次のようなフローを示すことができる。

（i）情報の整理（商品企画⇒技術開発、製品開発）
　（ii）技術アイデア発想（問題解決策など）
　（iii）技術評価（システム最適化⇒システム全体の評価）

　このフローを縦軸に、各手法群を横軸にして、開発フローの中での情報やツール間の流れを示したのが、**図 2.10** である。QFD-Advanced に関係する二元表の部分は、詳細に示してある。

　図 2.10 において、一番右端に示す「設計検討」では、心配点に対する対応の検討、品質問題分析結果への対策案検討、解決策のアイデア発想やそれを含めた全体最適のための設定条件検討などを行う。その検討結果を基本二元表群にフィードバック（FB）するということも示してある。本図により、商品化プロセス全体における情報の流れが理解できる。

(2) QFD-Advanced による各手法相互間の連携

　本章で説明してきた QFD-Advanced について、図 2.10 の商品化プロセスのフロー全体における位置づけを、**図 2.11** に示す。図 2.10 のフローをもとにして、QFD-Advanced の考え方に含まれる部分を、実線で囲んである。

　第 1 章で示したように、品質表以下の 4 つの二元表が基本二元表である。従来の QFD において活用してきた二元表群である。それに対して、QFD-Advanced がどのようなものであるかが、図 2.11 によって理解できる。基本二元表に加えてさまざまな外側二元表と情報抽出の仕組みを用いることで、未然防止や設計検討のための各種手法と連携していることがわかる。

　また、QFD-Advanced は、手法相互間の連携も支援している。その例を以下に示す。

　FTA などによる品質問題の原因分析結果をもとにして、問題解決策の検討を行う。その検討結果は、(1)で述べたように、また、図 2.10 に示しているように、基本二元表の情報としてフィードバックされ、それによって基本二元表の情報が追加・更新される。その新しい基本二元表の情報をもとにして、次に問題解決策の妥当性・最適化の検討を品質工学を用いて行う、という流れにな

2.5 商品化プロセスのフローとの関係　25

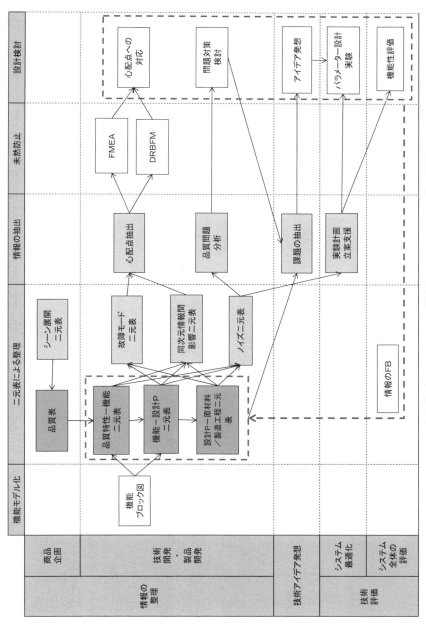

図 2.10　商品化プロセスにおける情報のフロー、ツール間の関係

第2章 QFD-Advanced とは

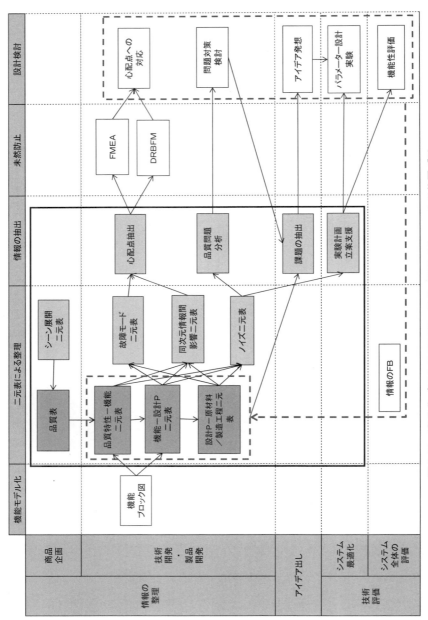

図 2.11 商品化プロセスのフローでの QFD-Advanced の位置づけ

る。後ほど 4.3 節で示すように、最適化の検討のためのパラメーター設計の実験計画立案を支援する情報を、QFD-Advanced を用いて抽出し表示することができる。FTA による品質問題の原因分析と、品質工学のパラメーター設計との連携を、基本二元表を介して、QFD-Advanced によって行っているといえる。

FMEA や DRBFM での心配点への対応として設計検討した内容に関しても、基本二元表にフィードバックする。その改訂された基本二元表の情報をもとに、品質工学との連携や、さらなるアイデア発想が必要な場合の USIT などのアイデア発想法との連携ができる。未然防止手法である FMEA や DRBFM と、品質工学、アイデア発想法との連携を、QFD-Advanced は支援している。

このように、商品化プロセスのフローの中に QFD-Advanced を位置づけることで、QFD と各手法との連携だけでなく、各手法相互間の連携をも支援しているということを理解できる。QFD-Advanced の大きな効果のひとつである。

2.6 鉄道システムとの比較

新規な概念である「二元表のネットワーク」、「ワークシート」の理解を深めてもらうことを目的に、**図 2.12** を用いて、鉄道システムを対象にした「乗換案内サービス」との対比で、「QFD-Advanced」を説明する。

鉄道は、大きな都市の間を結ぶ本線から建設される。まず基本二元表群を作成することと同じである。そのうえで、多様な目的地に近いところまで支線を引くことで、効率的に現地まで行けるようになる。これは、さまざまな外側二元表を準備しておくことに相当する。二元表のネットワークが鉄道網にあたるということである。

目的地に行こうとするとき、自分で時刻表をめくって旅行の計画を立てるより、Web などでの乗換案内サービスを利用すると、待ち時間が少なく、かつ間違いのない鉄道利用の計画を立てることができる。目的別のワークシート

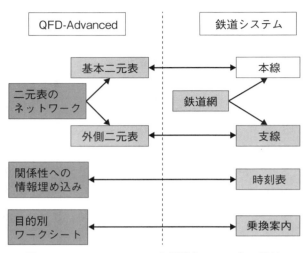

図 2.12 QFD-Advanced と鉄道システムとの比較

で、二元表のネットワークの情報から、目的に合った情報を適切に抽出できることと同じである。

現在では、鉄道で複雑な乗り換えが必要なときは、このようなサービスの助けが必須になりつつある。製品開発でも、かかわる情報が多くなり複雑に絡み合って来た場合には、技術者による属人的な情報の抽出では限界が生じる。QFD-Advanced で提案しているような仕組みが必要になってくるということである。

2.7 事例:「給紙搬送システム」の概要

(1) 事例の概要

第3章以降でさまざまな手法との連携について共通の事例を用いて説明をしていくが、その事例の概要をここで紹介する。印刷機やプリンタなどで用いられている画像形成装置の「給紙搬送システム」である。

2.7 事例:「給紙搬送システム」の概要   29

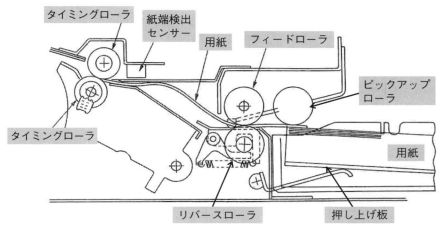

Ⓒ一般社団法人日本画像学会
出典) 電子写真学会編:『電子写真技術の基礎と応用』、コロナ社、1988 年
図 2.13　給紙搬送システムの中央断面図

「給紙搬送システム」の中央断面図を図 2.13 に示し、動作を説明する。
(i)　右下のカセットに用紙が収納される。
(ii)　ピックアップローラの回転により、用紙がカセットから送り出される。
(iii)　フィードローラとリバースローラで用紙が挟まれたところで、複数用紙が重なって送り出された場合は、2 枚目の用紙は、リバースローラで元に戻される。その結果、フィードローラ部からは、1 枚の用紙のみが次のタイミングローラ部に送られる。
(iv)　タイミングローラ部に送られた用紙は、そこでいったん停止した後、用紙上に形成される画像と合うタイミングでさらに送り出されていく。

(2)「給紙搬送システム」の基本二元表

「給紙搬送システム」の基本二元表の中で、図 2.2 の中の②、③、④にあたる基本二元表の具体的事例を、図 2.14 ~ 図 2.16 に示す。これらは、さまざま

図2.14 品質特性-機能展開二元表(2)の例

[二元表]品質特性-機能展開二元表のタイトル付き。

	用紙を収納する		用紙の有無を検出する		用紙をさばき送り出す		用紙をさばいて1枚のみを送り出す					用紙先端を合わせる				
	用紙の幅方向の位置を決める	用紙の後端の位置を決める	用紙部に光を照射する	光を検出する(透過あるいは反射)	用紙に搬送力を与える	用紙先端をフィードローラ位置に移動させる	用紙をローラ対で挟み込む	1枚目の用紙に搬送力を与える	1枚目の用紙をレジローラ部まで送る	2枚目の用紙に戻り力を与える	2枚目の用紙を戻す	用紙先端位置を検出する	タイミングローラを停止する	用紙先端をタイミングローラに接触させる	タイミングローラを回転開始する	タイミングローラで用紙を送り出す
JAM率		○	○		○			○	○			○				○
重送率			○	○			○	○	○	○	○					○
生産性					○	○									○	○
角折れ	○															
紙しわ	○						○									
傷																
積載性	○															
中折れ																
曲がり	○					○							○		○	○
片寄り	○					○							○	○	○	○
操作安全性																
操作力量	○	○														
動作音					○		○	○	○							○

図2.14 品質特性-機能展開二元表(2)の例

2.7 事例:「給紙搬送システム」の概要　31

図 2.15　機能展開－設計パラメーター二元表（3）の例

(二元表)設計パラメーター－原材料／製造工程二元表			原材料												製造工程																		中間生成物				
			ゴム部						軸部					精錬工程						接着剤塗布				成形&加硫				表面研磨			精錬後		成形&加硫後		
			ゴム原料	配合剤1		配合剤2			芯金			接着剤		素練り			混練			芯金表面処理		スプレイ塗布		成形		加硫		バフ研磨			精錬物		成形物		
			ゴム材料種類	配合量	種類	添加量	種類	添加量	金属種	表面状態	径	種類	粘度	機械条件	温度条件	時間	機械条件	温度条件	時間	プラスト条件	プラスト回数	塗布速度	塗布回数	圧力	温度	温度	時間	研磨圧力	研磨速度(回転速度)	バフ種類	比重	粘度	接着強度	硬度	表面状態
部材仕様	形状仕様	直径									○														○	○										
		円筒度																						○	○										
		真円度								○										○				○	○			○	○						
		振れ								○										○				○	○			○				○			
		表面粗さ															○	○	○					○	○			○	○	○					○
		表面にノイズなきこと								○				○	○	○	○	○	○					○	○										○
	材料仕様	ゴム硬度	○	○	○	○	○	○						○	○	○	○	○	○					○	○						○			○	
		粘弾性特性	○	○	○	○	○	○						○	○	○	○	○	○					○	○							○			
	機械的仕様	芯金との接着強度	○	○	○	○	○	○		○		○	○							○	○	○	○	○	○								○		

図 2.16　設計パラメーター（部品）－原材料／製造工程二元表（④）の例

な手法との連携活用のやり方を説明するときに共通で用いる二元表である。なお、図 2.16 の二元表の対象である部品は、図 2.13 の「給紙搬送システム」の中で複数用いている、金属製の芯の周辺にゴム部材を成形して製造された各種のゴムローラである。

　図 2.14 は、「給紙搬送システム」の品質特性－機能展開二元表(②)である。縦軸が「給紙搬送システム」の品質特性、横軸が機能の展開である。それぞれの軸の情報の間で関係があるところに「○」記号とアミカケを入れている。特定の着目機能に関して縦に見ていくと、その機能により影響を受ける(関係している)品質特性項目がわかる。

　図 2.15 は、「給紙搬送システム」の機能展開－設計パラメーター二元表(③)である。横軸は、品質特性－機能展開二元表と同じ機能展開であり、縦軸で、設計パラメーター(部品とその特性)を展開している。縦軸の部品に関しては、システムの中の主な部品のみを示している。設計パラメーター(部品とその特性)がどの機能に関係しているかを知ることができる。

　図 2.16 は、部品として取り上げたゴムローラの特性(設計パラメーター)とゴムローラを製造するときに用いる、原材料や製造工程との関係を示した設計パラメーター(部品)－原材料／製造工程二元表(④)である。縦軸に、ゴムローラという部品の主要な特性である形状仕様や材料仕様などが展開されている。横軸は、ゴムローラを製造するときの原材料や製造工程の条件を展開したものである。

　製造工程や原材料としては、ゴムローラを製造するときに一般的に用いられる方法について示してある。**図 2.17** は、それらの原材料と製造工程を用いて、どのようにしてゴムローラが製造されるかをブロック図で示したものである。

　ゴムの原材料は、混練工程で混合した後に練られ、成形するための中間生成物になる。芯となる金属棒は、表面処理された後、ゴム層を接着するための接着剤が塗布される。その両者を合わせて金型中で成形し、温度をかけて加硫することでゴム原料はゴムになり、ローラ形状の部品が製造される。その表面の状態を改善するために、最終工程で表面を研磨する。図 2.17 の製造工程ブロッ

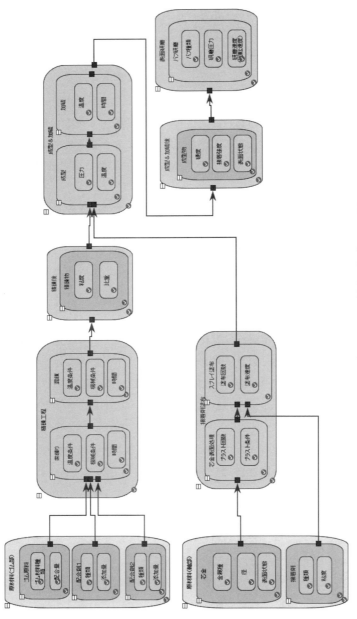

図 2.17　ゴムローラの製造工程ブロック図

ク図の中には、原材料、中間生成物、製造工程における特性や条件設定項目などの中の代表的な項目を入れてある。

また、図2.17の製造工程ブロック図には、製造工程間の中間生成物も示している。中間生成物の物性がゴムローラの特性に影響を与える場合があるからである。そのために、図2.16の二元表の横軸には、中間生成物の特性も入れてある。

二元表のネットワークの中の基本二元表には、顧客の要求品質と商品の品質特性との関係を示す、いわゆる品質表も含まれる。品質表の具体的事例については、第4章の顧客要求品質−シーン展開二元表(⑤)のところで説明を行う。

(3) 各手法との連携活用事例説明で用いる基本二元表

第3章以降で、各手法との連携に関して述べていくが、そのときに用いる基本二元表について、表2.3に示す。縦軸が、各手法、あるいは活用目的であり、横軸が「給紙搬送システム」での基本二元表(①〜④)の種類である。横軸の最後には、その他として、「給紙搬送システム」以外のシステムでの二元表を用

表2.3 手法と用いる基本二元表の関係

	給紙搬送システムの基本二元表				その他
	品質表(①)	品質特性−機能展開(②)	機能展開−設計パラメーター(③)	設計パラメーター(部品)−原材料／製造工程(④)	
FMEA		○	○	○	
DRBFM		○	○	○	電子写真技術
要求品質の分析	○				
アイデア発想			○	○	
品質工学		○	○		
FTA			○	○	

いている場合も記入している。

　ほとんどの手法において、品質特性−機能展開二元表（②）と、機能展開−設計パラメーター二元表（③）を共通に用いる。共通の二元表情報を用いて各手法と連携活用するということを意味している。要求品質の分析（商品の企画）においては、品質表を用いる。

　DRBFM の中で、特に機能間影響を考慮した DRBFM では、機能間影響の程度が大きい、プリンタなどの画像形成技術（電子写真技術）に関する具体的事例を用いる。

第 2 章のまとめ

　QFD-Advanced を特徴づけている「基本二元表と外側二元表による二元表のネットワーク」と「二元表からの情報抽出のワークシート」について、詳しく説明を行った。外側二元表の説明では、同次元情報間影響二元表についても説明した。

　そのうえで、QFD-Advanced に関して、全体像の説明、商品化プロセスの中での位置づけや、鉄道システムとの比較の説明を通して、その意味合いを明らかにした。

第3章

QFD-Advancedの未然防止手法への適用

　本章では、開発設計における未然防止手法と連携するための QFD-Advanced の活用方法について説明する。未然防止のための手法としては、FMEA と DRBFM を取り上げる。DRBFM では、機能間影響まで含めた方法を説明する。どちらも、2.7 節で紹介したシステムを用いて、具体的事例の説明も行う。

3.1 FMEA への適用

(1) FMEA の概要と課題

FMEA は、Failure Mode and Effects Analysis（故障モードとその影響分析）の略で、製品としての故障や品質不具合の防止を目的とした、潜在的な故障の体系的な分析方法である。部品の「故障モード」を起点として、「製品の故障や品質不具合」が発生するメカニズムをたどっていくことで、系統的、統一的に故障や不具合を予測する方法である。製品ごとに起こる可能性がある故障や不具合のすべてを考えることはできないけれども、故障や不具合の原因である「故障モード」を類型的に分類整理できることを前提とした方法である。

代表的な FMEA の実施フローを図 3.1 の左側に示す。最初に、対象として

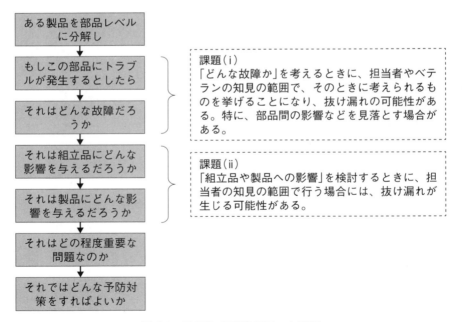

図 3.1　FMEA の実施フローと課題

いる製品を部品レベルにまで分けて整理する。次に、その製品の中のある部品に故障（トラブル）が発生するとしたらどのような故障になるかを、類型的に整理された故障モードを参考にして検討する。そして、その故障モードによる故障が発生したときの、下流側工程の組立品や市場に出て行く製品にどのような影響があるかを、故障モードの内容からメカニズムなどを考えながら、知見者を交えて検討を行う。その後、故障による影響の大きさを評価したうえで、その評価結果をもとに、予防策について検討をする、というステップをとる。

　これらの FMEA を実施したフローを、**図 3.2** の中の表の形に整理する。一般的に FMEA ワークシートと呼ばれている。図 3.2 には、FMEA ワークシートの各項目と図 3.1 で示したフローとの関係も示してある。

　このような代表的な FMEA の進め方に関して、次のような課題がある。図3.1 で、左側に FMEA の実施フローを示しているが、右側に、課題とその課題がどのステップでのものであるかを示してある。

　1 つ目の課題（課題（i））は、対象部品でどんな故障が起こるかを考えるときに、可能性がある故障の抽出漏れが起こる場合があることである。担当者やベテランの知見者が故障モードを挙げるのだが、そのときに考えられる故障のみを挙

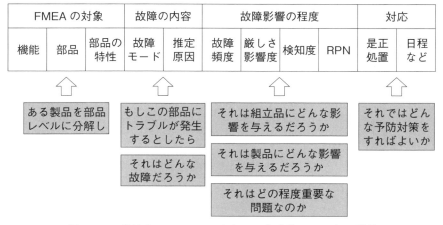

図 3.2　一般的な FMEA ワークシートと実施フローとの関係

げることになり、抜け漏れの可能性がある。また、部品そのものの故障に関しては気がつきやすいが、部品間の影響などは見落とす可能性がある。

2つ目（課題(ⅱ)）は、部品の故障の影響が、組立品や製品の故障や不具合にどのように影響を与えるかという検討において、検討漏れや見落としが起こりうるということである。担当者の知見の範囲で組立品や製品への影響を考えるのだが、それに対する知見が不十分であると、影響を見落としてしまう場合がある。そうすると、その故障の影響を適切に判断できず、影響を過小評価してしまい、故障に対する対応をしない場合がある。そうすると、実際に市場での不具合の発生につながることになる。

(2) システム対応の FMEA での活用

(1)で示した課題に対して、QFD-Advanced では、基本二元表と故障モード外側二元表を用いてワークシートを作成することで対応する。

製品の故障とは、製品やシステムを構成する要素である部品の特性の劣化や物理的な構造破壊のことを意味する。その劣化や破壊が、製品の動作の停止や異音などの故障や不具合をもたらす原因である。

故障モードは類型的に分類できるが、その分類された故障モードと、部品、あるいは部品の特性とを紐づけることができる。つまり、部品、あるいは部品の特性である設計パラメーターと故障モードとの関係を、図3.3 のように、外側二元表で表現することができるということである。左側の2つの二元表が、基本二元表の品質特性－機能展開二元表（②）、機能展開－設計パラメーター二元表（③）であり、右側の二元表が、外側二元表の設計パラメーター（部品とその特性）－故障モード二元表（⑪）である。図の二元表中の矢印は、原因と結果の関係を示している。

設計パラメーター－故障モード二元表の横軸である故障モードの展開の具体的内容に関しては、製品の種類で異なるし、各社がもっているノウハウに属するので明示はできない。しかし、一般的な項目は知られているので、それらを事例として表3.1 に示す。メカ系、エレキハード系、ソフト系に分けて示してあ

3.1 FMEA への適用　41

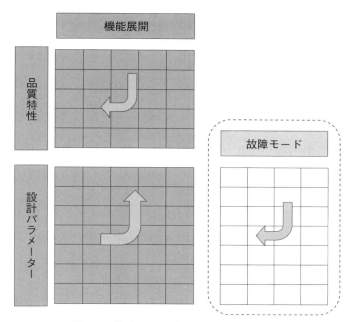

図 3.3　故障モード外側二元表の位置づけ

表 3.1　一般的な故障モード一覧

メカ系									
部品の特性							部品間影響		
破損	摩耗	劣化	疲労	腐食	変形	硬化	外れ	緩み	剥がれ

エレキハード系						
部品の特性					部品間影響	
断線	抵抗変化	容量変化	ドリフト	導通	接触不良	絶縁不良

ソフトウェア系					
環境変化			ハードウェア故障		
静電気	電磁波	電圧低下	素子不良	断線	導通

る。メカ系であれば、部品の特性の変化にかかわるさまざまな要因と、部品間の影響による要因に分けられる。エレキハード系でも同様に、部品の特性の変化と部品間の影響に分けることができる。

次に、図 3.4 を用いて、QFD-Advanced による、基本二元表と外側二元表を用いて FMEA を行うためのワークシートによる情報抽出の流れを説明する。

各ステップについて説明する。

(i) 対象システムの中で、今回の FMEA の対象とする機能を選定し、機能展開−設計パラメーター二元表(③)を用いて、その機能に関係する設計パラメーター(部品などの特性)を抽出し、対象部品を決める。

(ii) 対象部品において、どのような故障の可能性があるかを、設計パラメーター(部品などの特性)−故障モード二元表(⑪)を用いて抽出する。

(iii) 対象部品の不具合により対象機能が変化したときに影響を受ける品質を、品質特性−機能展開二元表(②)を用いて抽出する。

対象機能を起点として、対象部品に関連する故障モードと、対象機能が影響

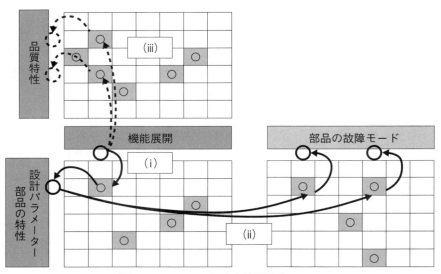

図 3.4　FMEA における情報抽出フロー

する品質を抽出して、一覧表として表示する。それが QFD-Advanced を用いて作成した FMEA 対応のワークシートになる。QFD-Advanced で作成した FMEA ワークシートは、二元表の関係性を用いて情報を抽出していくので、対象部品の故障モードや対象機能の品質への影響を、抜け漏れなく抽出することができる。その抽出結果に対して事前検討を行うことで、品質問題の発生をより効果的に未然防止できる。

(3) システム対応の FMEA の具体的事例

2.7 節で示した「給紙搬送システム」を用いて、FMEA での具体的な QFD-Advanced の活用事例の説明を行う。

2.7 節において、「給紙搬送システム」での基本二元表の具体例を示してある。図 2.2 の二元表のネットワークの中で、②の品質特性−機能展開二元表を図 2.14 で示しており、③の機能展開−設計パラメーター二元表を図 2.15 で示してある。FMEA にかかわる外側二元表の具体例が、**図 3.5** の設計パラメーター(部品)−故障モード二元表⑪である。故障モードとしては、表 3.1 に示した中から、メカ系の故障モードを取り上げている。その故障モードと、給紙搬送システムで用いられている各種部品やその特性との関係を、設計パラメーター(部品)−故障モード二元表で示している。例えば、ゴムローラという部品であれば、特性としてのゴム硬度は「劣化」の影響を受けやすく、表面粗さは「摩耗」の影響を、ゴム厚は「破壊」の影響を受けるということが図 3.5 からわかる。

FMEA を検討する対象の機能として、「用紙に搬送力を与える」という機能と「用紙先端をフィードローラ位置に移動させる」という機能を取り上げる。その機能に関係する部品を、機能展開−設計パラメーター二元表(図 2.15)を用いて抽出する。この事例の説明では、いくつかの関係性のある部品から、「用紙に搬送力を与える」という機能に対しては「ピックアップローラ」を、「用紙先端をフィードローラ位置に移動させる」という機能に対しては「フィードローラ」を対象としている。

設計 P(部品)の展開		故障モードの展開(例)									
		メカ系　故障モードの展開									
		部品の特性							部品間影響		
		破損	磨耗	劣化	疲労	腐食	変形	硬化	外れ	緩み	剥がれ
ピックアップローラ	ゴム硬度			○				○			
	表面粗さ		○								
	ゴム厚	○					○				
	回転時間										
フィードローラ	ゴム硬度			○				○			
	表面粗さ		○								
	ゴム厚	○					○				
	回転速度										
リバースローラ	ゴム硬度			○				○			
	表面粗さ		○								
	ゴム厚	○					○				
	押圧力				○						
	トルクリミッタ値									○	
カセット	横規制位置										
	端部規制位置										
用紙押し上げ板	押し上げ圧				○						
用紙センサー	位置								○		
	感度			○							
タイミングローラ	圧接圧力				○						
	停止タイミング										
	停止時間										
	回転速度										
紙端検出センサ	感度			○					○		
	位置										
用紙ガイド（給紙～タイミング）	位置										
	表面材料		○			○					○

図 3.5　設計パラメーター(部品)ー故障モード二元表(⑪)

次いで、図3.5の設計パラメーター（部品）－故障モード二元表から、それぞれのローラの特性がどのような故障をする可能性があるかを抽出することができる。ピックアップローラであれば、ゴム硬度が劣化する可能性があり、また、ゴム厚は、部分的な変形を起こす可能性があるということなどである。

さらに、上記の対象機能に問題があるとどのような品質に影響を与えるかを、品質特性－機能展開二元表（図2.14）を用いて知ることができる。

上記のことをまとめて一覧表の形で示したのが、**表3.2** のシステム対応の FMEA ワークシートの例（一部）である。横軸には、機能、設計パラメーター（部品）、故障モード以外に、一般的な FMEA ワークシートに載っている、影響度、発生頻度、検知難易度も示している。また、品質への影響という観点を「機能障害」という欄に示してある。

このように、一般的な FMEA のやり方を踏襲しながら、QFD-Advanced を活用することで、部品の故障にかかわる情報の抽出を、抜け漏れなく、確実に行うことができている。

（4）部品対応の FMEA での活用

前の事例説明では、「給紙搬送システム」全体に対する FMEA の検討に関して述べた。本節では、「給紙搬送システム」で用いる部品の1つである「ゴムローラ」に関して、ゴムローラ製造メーカーの立場での FMEA に関して述べる。

ゴムローラとは、第2章で示したように、金属性の芯金の周囲にゴム層を成形したローラのことである。用いる二元表は、図2.2の中の基本二元表のひとつの設計パラメーター（部品）－原材料／製造条件二元表（④）と、外側二元表の原材料／製造工程－故障モード二元表（⑮）である。**図3.6** にそれを取り出して示してある。

原材料／製造工程－故障モード二元表を作成するにあたっては、あらかじめ、原材料や製造工程にかかわる故障モードを検討し、二元表の形に整理しておく。原材料や製造工程に関する FMEA を実施する場合、一般的には、それ

表3.2 システム対応のFMEAワークシートの例(一部)

機能	部品	設計パラメータ	故障モード	故障の影響	影響度	故障モード要因	発生頻度	現行の設計管理(予防/検出)	検知難易度	リスク優先度	機能障害
用紙をさばいて先に送り出す	ピックアップローラ	ゴム硬度	ゴムの硬化	摩擦力の低下	8	xxxx要因	6	なし	4	192	用紙をさばき部へ送り出せない
用紙に搬送力を与える		表面粗さ	ゴムの磨耗	摩擦係数低下							用紙をさばき部へ送り出せない
		ゴム厚	ゴムの変形	厚みが部分的に変動する							用紙の送り出し速度が安定しない
用紙先端をフィードローラ位置に移動させる		ゴム硬度	ゴムの硬化	ニップ幅がばらつく							用紙をフィードローラ位置へ移動できない
		表面粗さ	ゴムの磨耗	摩擦係数低下	3	ooooo要因	5	なし	5	75	用紙をフィードローラ位置へ移動できない
		ゴム厚	ゴムの変形	周速度が変動する							用紙の送り出し速度が安定しない
用紙をローラ対で挟み込む		ゴム硬度									
		表面粗さ									
		ゴム厚	ゴムの変形	周速度が変動							用紙の速度が安定しない
1枚目の用紙に搬送力を与える	フィードローラ	ゴム硬度									
		表面粗さ	ゴムの磨耗	摩擦係数低下	3		4		4		用紙を送り出せない
		ゴム厚	ゴムの変形	周速度が安定							用紙の速度が安定しない
1枚目の用紙をニップロラ部まで送る		ゴム硬度									
		表面粗さ	ゴムの磨耗	摩擦係数低下							用紙を送り出せない
		ゴム厚	ゴムの変形	周速度が変動							用紙の速度が安定しない

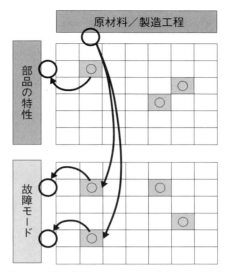

図 3.6　部品対応の FMEA で用いる二元表

ぞれの知見者を集めて故障モードの検討を行う。上記のように、QFD-Advanced を活用して、あらかじめ故障モードを検討して二元表の形に整理しておくことで、多くの担当者の知見やさまざまな文献、実績情報などを入れることができる。抜けや漏れのない故障モード一覧を作成でき、それを用いて FMEA を行うので、工程での故障や問題発生を、確実に未然防止できる。その FMEA のためのフローを図 3.6 に矢印で示してある。

(5) 部品対応の FMEA の具体的事例

これらの二元表を用いた FMEA の具体的事例を以下で示していく。ゴムローラの原材料を含む製造工程に関して FMEA を行う事例である。

図 3.7 は、図 2.13 でも示した、基本二元表のひとつのゴムローラの設計パラメーター(部品) − 原材料／製造工程二元表(④) である。図 3.7 では、FMEA の対象とする原材料の特性として「芯金の表面状態」を、製造工程として「加硫」を取り上げ、四角で示してある。

第3章 QFD-Advanced の未然防止手法への適用

図 3.7 ゴムローラの部品―原材料／製造工程二元表（④）

図3.8は、ゴムローラの、原材料／製造工程 - 故障モード二元表(⑮)である。横軸の原材料／製造工程に対して、縦軸にさまざまな材料面、製造工程面からの故障モードをとっている。故障モードに関しては、一般的なものを挙げてある。図3.8の中には、上で示したFMEAの対象である「芯金の表面状態」と「加硫条件」にかかわる故障モードが何であるかを抽出するフローも示してある。

例えば、芯金の表面状態の故障モードとしては、芯金の材料間違いによる表面状態の変化や、表面処理の部分的不良による表面状態の場所による変動が考えられる。表面状態が変化したり場所による変動をもつようになると、芯金とゴム層との接着強度が小さくなったり、接着強度が場所による分布をもつようになる。それらがゴムローラの品質に影響を与える。

加硫条件において、温度が低いという故障モードでは、十分な組成をもったゴム層になることができず、ゴム層の強度や粘弾性特性に影響を与える可能性がある。加硫温度が高いという故障モードでは、ゴム材料の熱劣化による影響が考えられる。

それらの故障モードの部品品質への影響は、図3.7の部品 - 原材料／製造工程二元表を用いて抽出することができる。それらの全体を整理したのが、表3.3のワークシートである。このようなワークシートを作成して議論を行い、必要な対応を行うことで、各種のゴムローラにおいて、原材料や製造工程の変動による品質問題の発生を未然に防止できる。なお、このワークシートでは、抽出した項目のみを示してあり、FMEA特有の欄(各種の評価項目)は省いてある。

3.2　DRBFMへの適用

(1) DRBFMの概要と課題

DRBFMは、Design Review Based on Failure Modeの略であり、設計変更点や条件・環境などの変化点に着目し、その影響による品質問題の発生を未

50　第3章　QFD-Advanced の未然防止手法への適用

図3.8　ゴムローラの原材料／製造工程－故障モード二元表(15)

表 3.3　ゴムローラの原材料／製造工程に関する FMEA ワークシートの一部

対象とする原材料／製造工程				故障モード		故障の影響	ゴムローラの性能障害
原材料	軸部	芯金	表面状態	材料	組成間違い	ゴム層の接着不良	芯金とゴム層との接着力不足による耐久性の不足 ゴム層の表面ノイズが生じる
				材料	処理不良	ゴム層の接着不良 ゴム層の接着力の不均一	
製造工程	成型／加硫工程	加硫	温度	機械	設定条件の変化（温度や圧力）	ゴム化の程度が不適切 （不足：強度不足） （過剰：強度不均一、脆さ）	ゴム硬度や粘弾性特性が変化する 同じ摩耗条件では表面粗さが変化する

然に防止する方法である。まず設計者が変更によって生じる心配点を検討し、それをもとにしたデザインレビューで、設計者が気がついていない心配点を洗い出す。その結果から、設計・実験評価・製造などへ反映するべき項目を確認する。DRBFM は、対象システムにおいて、大幅な変更を行わない後継機の開発や、使用環境や顧客が変化した場合によく用いられる。

図 3.9 の左側に一般的な DRBFM の実施フローを示す。

図 3.9 の左側に示した一般的な DRBFM の実施フローにおける課題を、同じ図の右側に示してある。

フローで示すように、DRBFM では、部品の変更点や顧客などの変化点を漏れなく抽出・記載したうえで、その影響を検討する。そのときに、その部品の果たす機能を考え、また、その機能が商品性に与える影響を考える。それらを、担当者がこれまでの知見をもとにして考えて抽出する。

この実施フローに対して、図 3.9 の右側で示すような課題がある。

(i)　変更点に関係する機能やその機能に関係する商品性、顧客への影響の抽出範囲が、担当者の知見の範囲に限られる。

(ii)　デザインレビューの場で専門家の意見を聞く場合でも、担当者やデザイ

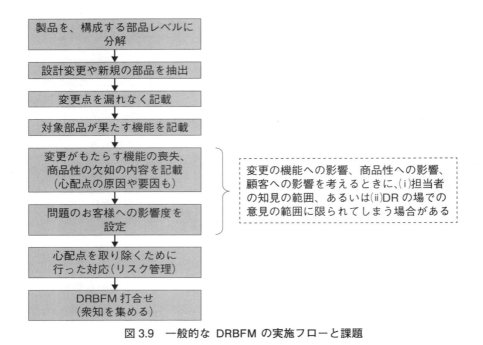

図 3.9 一般的な DRBFM の実施フローと課題

ンレビューの場に出席している専門家の知見の範囲に限られることになる。また、専門家がもっている知見を、デザインレビューのときに必ず出せるとは限らない。

つまり、変更点を漏れなく抽出・整理できたとしても、機能や商品性、あるいは顧客への影響範囲を、漏れなく抽出できているとは限らない、ということである。そこに漏れがあると、変更の影響による問題が起こり、問題発生の未然防止を達成できないことになる。

(2) 部品の変更点影響分析での活用

QFD-Advanced では、設計変更による影響範囲を特定するのに、二元表を活用する。事例として示している「給紙搬送システム」であれば、品質特性－機能展開二元表(②)と機能展開－設計パラメーター二元表(③)を用いる。

二元表を活用した DRBFM の実施フローを、図 3.8 で示した一般的な DRBFM の実施フローと並べて**図 3.10** に示す。図 3.9 において一般的な DRBFM で課題があるということを説明したフローの該当部分である、「対象部品が果たす機能を記載」、「変更がもたらす機能の喪失、商品性の欠如の内容を記載」という変更点の影響抽出の部分に対して、QFD-Advanced を活用した DRBFM の実施フローを、図 3.10 の右側に示してある。「二元表から、影響を与える機能と品質を抽出」という部分である。

図 3.10 の右側に示した、二元表を活用した QFD-Advanced での DRBFM をフローの形で表現したのが**図 3.11** である。この図によって説明を加える。

この実施フローでは、「設計パラメーター（部品）」の変更点の検討からス

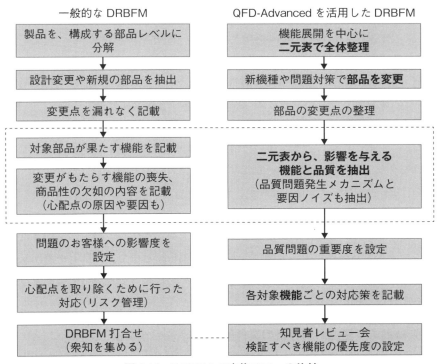

図 3.10　DRBFM の実施フローの比較

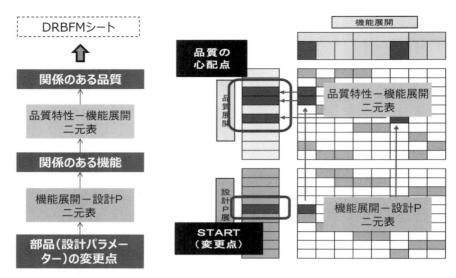

図 3.11　QFD-Advanced を活用した DRBFM の実施フロー

タートする。次いで、機能展開−設計パラメーター二元表の関係性情報を用いて、その変更する設計パラメーター(部品)に関係する機能を抽出する。その後、品質特性−機能展開二元表を用いて、抽出した機能と関係している品質を抽出する。二元表の関係性情報を用いた情報抽出には、QFD-Advanced のもっているワークシート機能を活用し、抽出結果を一覧表の形で整理して表示する。それを DRBFM ワークシートと呼び、デザインレビューの場での議論に用いる。

ここで用いる基本二元表(②、③)の情報は、設計者や専門家があらかじめ議論を繰り返して作成しておいたものである。そのようにして情報が整理されている二元表の関係性を用いて変更点の影響を抽出するので、設計者や専門家のそのときの考え方に左右されることがない。その結果、変更点に関する関連情報を漏れなく抽出することができる。

(3) 部品の変更点影響分析の具体的事例

2.7 節で示した「給紙搬送システム」を用いて、具体的な説明を行う。ここ

で用いる二元表は、2.7節で示した「給紙搬送システム」の機能展開－設計パラメーター二元表(**図 3.12**)、品質特性－機能展開二元表(**図 3.13**)である。それぞれの表の中に、DRBFM のフローにもとづく情報の抽出フローも示してある。以下にその説明を行う。

具体的な変更点として、図 2.13 の断面図の中の、リバースローラの押圧力を取り上げる。図 3.12 の機能展開－設計パラメーター二元表の中で矢印の形で示したように、リバースローラの押圧力を変更すると、「用紙をローラ対で挟み込む」、「1 枚目の用紙に搬送力を与える」、「2 枚目の用紙の搬送力を与える」、「2 枚目の用紙を戻す」の 4 つの機能が影響を受ける。

この中で、押圧力を下げたときに相対的に大きな影響を受けるのは、「1 枚目の用紙に搬送力を与える」である。

図 3.13 の品質特性－機能展開二元表の中の四角と矢印のフローで示すように、「1 枚目の用紙に搬送力を与える」という機能のレベルが小さくなると、品質として影響を受けるのは、関係があるとされている 6 つの品質項目である。

以上の抽出状況を、変更する設計パラメーター(部品)から開始して全体を示したのが、**表 3.4** の DRBFM ワークシートである。ここでは、影響を受ける機能に関しては、すでに 1 つに絞り込んでいる。影響を受ける可能性がある 6 つの品質項目に対して、実際に影響を受けるのが、心配点の項で挙げてある 2 項目である。このワークシートを用いて、デザインレビューの場で議論を行い、必要に応じて未然防止のための対策をとることになる。なお、表中の「影響度合」とは、影響の程度を表す指標であり、強いほうから S、A、B、C と表示する。

QFD-Advanced の考え方にもとづく DRBFM では、用いる二元表が適切なものであるかぎりは、原理的に抽出の漏れや過剰な抽出は起こらない。そして、第 6 章で詳しく説明する IT システム「iQUAVIS」を活用すれば、二元表からの情報抽出作業をミスなく実行できる。つまり、DRBFM を、確実に、かつ有効に行うことができるということになる。

[二元表]機能展開－設計パラメーター(部品)二元表			用紙の幅方向の位置を決める	用紙の後端の位置を決める	用紙部に光を照射する	光を検出する(透過あるいは反射)	用紙に搬送力を与える	用紙先端をフィードローラ位置に移動させる	用紙をローラ対で挟み込む	1枚目の用紙に搬送力を与える	1枚目の用紙をタイミングローラ部まで送る	2枚目の用紙に戻し力を与える	2枚目の用紙を戻す	用紙先端位置を検出する	タイミングローラを停止する	用紙先端をタイミングローラに接触させる	タイミングローラを回転開始する	タイミングローラで用紙を送り出す
			用紙を収納する		用紙の有無を検出する		用紙をさばき部に送り出す		用紙をさばいて1枚のみを送り出す					用紙先端を合わせる				
給紙部	ピックアップローラ	ゴム硬度					○	○										
		表面粗さ					○	○										
		ゴム厚					○	○										
		回転時間						○										
		本数					○	○			○							
		軸方向の位置					○	○										
	フィードローラ	ゴム硬度							○	○	○							
		表面粗さ							○	○	○							
		ゴム厚							○	○	○							
		回転速度									○							
		本数							○	○								
		軸方向の位置							○	○								
	リバースローラ	ゴム硬度								○		○	○					
		表面粗さ								○		○	○					
		ゴム厚								○		○	○					
		押圧力								○		○	○					
		本数								○		○	○					
		軸方向の位置								○		○	○					
		トルクリミッタ値										○	○					
	カセット	横規制位置	○															
		端部規制位置		○														
	用紙押し上げ板	押し上げ圧					○	○			○							
	用紙センサー	位置			○	○												
		感度			○	○												
タイミングロー ラ部	タイミングローラ	圧接圧力														○		○
		停止タイミング													○			
		停止時間													○		○	
		回転速度															○	○
	紙端検出センサー	感度												○				
		位置												○				
	用紙ガイド(給紙～タイミング)	位置									○			○		○		
		表面材料									○			○		○		

図 3.12　機能展開－設計パラメーター二元表(③)

3.2 DRBFMへの適用　57

[二元表]品質特性-機能展開二元表		用紙を収納する		用紙の有無を検出する	用紙をさばき部に送り出す			用紙をさばいて1枚のみを送り出す				用紙先端を合わせる				
		用紙の幅方向の位置を決める	用紙の後端の位置を決める	用紙部に光を照射する	光を検出する(透過あるいは反射)	用紙に搬送力を与える	用紙先端をフィードローラー位置に移動させる	用紙をローラー対で挟み込む	1枚目の用紙に搬送力を与えローラーまで送る	1枚目の用紙を搬送タイミングローラーまで送る	2枚目の用紙に戻り力を与える	2枚目の用紙を戻す	用紙先端位置を検出する	タイミングローラーを停止する	用紙先端をタイミングローラーに接触させる	タイミングローラーを回転開始する	タイミングローラーで用紙を送り出す
給紙信頼性	ジャム率		○	○	○	○		○	○	○	○	○	○				○
	重送率							○	○	○	○						
生産性						○	○									○	○
出力品質	角折れ	○															
	紙しわ	○				○	○	○							○		○
	傷	○															
	積載性																
	中折れ																
画像精度品質	曲がり	○	○				○						○	○	○	○	○
	片寄り	○	○				○										
環境社会性品質	操作安全性	○															
	操作力量																
	動作音						○		○	○	○	○		○			○

図 3.13　品質特性−機能展開二元表 (2)

表 3.4 DRBFM ワークシート

変更部品/パラメーター		影響を受ける機能			影響を受ける品質			心配点		予想される発生メカニズム		要因(主なノイズ)
名称	変更/変化内容	名称	影響内容	影響度合	名称	影響内容	影響度合	心配点内容	心配度合	発生メカニズム	予想される発生メカニズム	
押圧力	適切な値にまで小さくする	1枚目の用紙に搬送力を与える	フィードローラによる搬送力が低下する	S	ジャム率		S	紙詰まりジャムが増加する	大	用紙の搬送速度が遅れると、タイミングがずれて紙詰まりとなる		厚紙が心配
					重送率					1枚目の用紙の搬送力が強すぎるとリバースローラが逆転できず重送になる		
					生産性					さばきローラでの送り力が小さくなると送り速度が下がり、その分生産性が落ちる		
					傷					さばきローラ表面の異物付着、あるいは、圧力が強すぎると、用紙表面に傷が入ることがある		
					曲がり		A	曲がりが増加する	中	用紙の搬送力が小さいと、曲げ方向の力があると用紙搬送時間の間に曲がってしまう		厚紙
					動作音					圧力が高い時などに、駆動トルクが増大し、用紙を搬送する時の駆動音、摩擦音が大きくなる		

(4) 原材料／製造工程の変更影響分析での活用

　変更点を起点とした DRBFM において、前項では、「給紙搬送システム」全体に対する基本二元表を活用する事例を紹介した。

　本項では、対象を「給紙搬送システム」の中で用いられている「ゴムローラ」という部品に絞り、基本二元表のひとつである、設計パラメーター(部品) – 原材料／製造工程二元表(④)と、外側二元表のひとつである、原材料／製造工程間影響二元表(⑬)の両方を活用する事例を紹介する。

　ゴムローラは、2.7 節で紹介したように、金属製の芯金の周囲にゴム層を成形して設けたローラである。また、基本二元表である、設計パラメーター(部品) – 原材料／製造工程二元表(④)についても、製造工程ブロック図(図 2.17)と合わせて、2.7 節で紹介している(図 2.16)。

　次に、2.2 節(3)(p.15)で解説した同次元間情報影響外側二元表である、原材料／製造工程間影響二元表(⑬)について紹介する。**図 3.14** に示す。

　縦軸と横軸は同じで、製造工程ブロック図の中の各項目が入っている。原材料と中間生成物との関係、製造工程の条件と中間生成物の特性との関係などが示されている。同次元情報間影響二元表であるので、当然ながら、項目間の関係性としては、左上から右下にかけての対角線に対して対称形になる。この二元表を用いることで、例えば原材料の一部を変更したときの製造工程への影響や、中間生成物を通して次の製造工程へ与える影響を明らかにすることができる。

(5) 原材料／製造工程の変更影響分析の具体的事例

　以下、設計パラメーター(部品) – 原材料／製造工程二元表(④)と原材料／製造工程間影響二元表(⑬)を用いた DRBFM の事例について説明を行う。

　変更点を起点とした具体的な抽出のフローを**図 3.15** に示す。本事例では、変更点として、ゴム層の粘弾性特性を改善するために、原材料のひとつである「配合剤 1」の種類を変更する場合を考える。

[二元表]原材料／製造工程間影響二元表				原材料											製造工程																	中間生成物				
				ゴム部						軸部					精錬工程						接着剤塗布				成形＆加硫				表面研磨			精錬後		成形＆加硫後		
				ゴム原料		配合剤1		配合剤2		芯金			接着剤		素練り			混練			芯金表面処理		スプレイ塗布		成形		加硫		バフ研磨			精錬物		成形物		
				ゴム材料種類	配合量	種類	添加量	種類	添加量	金属種	表面状態	径	種類	粘度	機械条件	温度条件	時間	機械条件	温度条件	時間	ブラスト条件	ブラスト回数	塗布速度	塗布回数	圧力	温度	温度	時間	研磨圧力	研磨(回転)速度	バフ種類	比重	粘度	接着強度	硬度	表面状態
原材料	ゴム部	ゴム原料	ゴム材料種類	○		○		○		○	○		○		○	○	○	○	○	○					○	○	○	○				○	○			
			配合量		○		○		○						○	○	○	○	○	○					○	○	○	○				○	○			
		配合剤1	種類	○		○	○	○					○		○	○	○	○	○	○					○	○	○	○					○			
			添加量		○	○	○		○						○	○	○	○	○	○					○	○	○	○					○			
		配合剤2	種類	○		○		○	○				○		○	○	○	○	○	○					○	○	○	○					○			
			添加量		○		○	○	○						○	○	○	○	○	○					○	○	○	○					○			
	軸部	芯金	金属種	○						○		○	○								○	○							○							
			表面状態	○							○		○								○	○	○	○												
			径							○		○									○	○	○	○	○				○							
		接着剤	種類	○		○		○		○	○		○	○							○	○	○	○												
			粘度										○	○									○	○												
製造工程	精錬工程	素練り	機械条件	○	○	○	○	○	○						○	○	○																			
			温度条件	○	○	○	○	○	○						○	○	○																			
			時間	○	○	○	○	○	○						○	○	○																			
		混練	機械条件	○	○	○	○	○	○									○	○	○																
			温度条件	○	○	○	○	○	○									○	○	○																
			時間	○	○	○	○	○	○									○	○	○																
	接着剤塗布	芯金表面処理	ブラスト条件							○	○	○	○								○	○												○		
			ブラスト回数							○	○	○	○								○	○												○		
		スプレイ塗布	塗布速度								○	○	○	○									○	○										○		
			塗布回数								○	○	○	○									○	○										○		
	成形＆加硫	成形	圧力	○	○	○	○	○	○			○													○	○								○		
			温度	○	○	○	○	○	○																○	○								○		
		加硫	温度	○	○	○	○	○	○																		○	○							○	○
			時間	○	○	○	○	○	○																		○	○							○	○
	表面研磨	バフ研磨	研磨圧力							○		○																	○	○	○					
			研磨(回転)速度																										○	○	○					
			バフ種類																										○	○	○					
中間生成物	精錬後	精錬物	比重	○	○																											○				
			粘度	○	○	○	○	○	○																								○			
	成形後	成形物	接着強度																		○	○	○	○	○	○								○		
			硬度																								○	○							○	
			表面状態																								○	○								○

図 3.14　ゴムローラの原材料／製造工程間影響二元表(⑬)

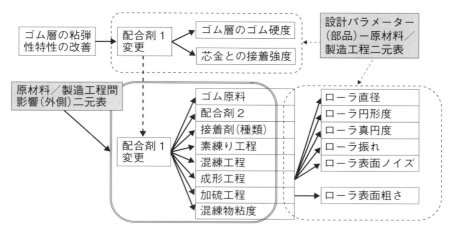

図3.15　原材料／製造工程の変更の影響分析フロー

　図2.16の設計パラメーター（部品）－原材料／製造工程二元表から、配合剤1の変更により影響を受ける部品の特性は、ゴム層のゴム硬度と芯金との接着強度の2つであることがわかる。図3.15の上部に記載しているとおりである。

　次に、配合剤1の変更の影響を、図3.14の原材料／製造工程間影響二元表を用いて検討し、抽出する。図3.15の下側で示すように、配合剤1の種類を変更することは、ゴム材料、配合剤2、接着剤などの原材料や、素練り工程、混練工程、成形工程、加硫工程などの製造工程の条件、そして、中間生成物である混練物の粘度にまで影響を与えることがわかる。その中で、例えば成形条件に対して大きな影響があるとすると、図2.16の設計パラメーター（部品）－原材料／製造工程二元表から、成形条件と関係する、ゴムローラの直径、円形度、真円度、振れなどの特性が変化する可能性を抽出できる。実際には、それらをITシステム「iQUAVIS」のワークシート機能を用いて一覧表の形（DRBFMワークシート）で整理して表示する。それをもとにデザインレビューの場などで議論を行う。

　このように見ていくと、配合剤1を変更することによる影響を、直接的な部品の特性への影響だけでなく、関係する原材料／製造工程を通した影響による

ものも含めて、漏れなく抽出可能であることがわかる。その抽出結果をもとに検討を加えることで、変更に伴う問題の発生を未然に防止できる。

(6) システムの機能間影響分析での活用

同次元情報間影響外側二元表のひとつである機能間影響二元表(⑥)について説明を行う。機能というものの特徴の影響を強く受けており、前節で説明した原材料／製造工程間影響二元表(⑬)とは意味合いが異なる部分が多い。

まず「機能間影響」について説明をする。機能間影響とは、ある機能が別の機能に与える影響であるが、それがどういう意味合いかを考える。**図 3.16** において、機能として、F1、F2、F3 の 3 つが示されている。機能について、VE（価値工学）の表現を用いると、「〇〇を△△する」と表すことができる。その「〇〇」を「ものの物理特性（Physical Property：PP）」とし、「△△する」をその PP が変化することとする。

図 3.16 の機能の表現であれば、機能 F1 は、A というものの物理特性 PP1 を yy に変化させる機能をもっている、と書ける。そのことによって、機能 F3 が影響を受けるとは、yy に変化した、もの A の物理特性 PP1 が、機能 F3 に存在するもの B の物理特性 PP5 を zz に変化させるということである。

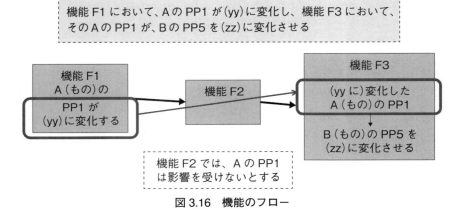

図 3.16 機能のフロー

当然ながら、図 3.16 で示すように、機能が互いにつながっていることが前提である。

(7) システムの機能間影響分析の具体的事例

具体的なシステムで説明を行う。まず事例を説明するためのシステム全体を紹介する。ここでは、MFP(Multi-Functional Peripheral device)やプリンタで用いられている電子写真技術を事例とする。

図 3.17 は、電子写真技術の機能のフローを示した機能ブロック図である。図を見ればわかるように、電子写真技術は、複数の機能が複雑につながっており、機能間影響を受けやすいシステムである。

その主要機能の中の、「感光体清掃機能(感光体上の残トナーを回収吐出する)」と「現像機能(潜像をトナーで顕像化する)」との関係で、機能間影響を具体的に説明する。図 3.18 において、図 3.16 で示した機能 F1 が「感光体清掃」であり、機能 F3 が「現像」である。「もの A」は感光体、「特性 PP1」は感光体の感光層の厚み、「もの B」はトナー、「特性 PP5」はトナーの現像量(移動量)である。感光体清掃機能で、感光体の感光層の厚みが薄くなったとしても、感光体清掃機能そのものには影響を与えないが、現像機能において、トナーの現像量(移動量)に影響を与える。

こうした機能間の影響を、外側二元表のひとつである機能間影響二元表としてどのように表現していくかについて述べる。ここでは、1 つの二元表ではなく、PP-A 表(物理特性影響表)という表と F-PP 二元表(機能－物理特性相関表)という表の、2 つの表を用いて機能間影響を表現する。

先に示した電子写真技術での事例で示したように、機能 F1(感光体清掃)で感光体の感光層の厚みが変化する。PP-A 表(図 3.19)は、どの機能でどの PP が変化するかを示した表である。この場合は、機能 F1 で PP1 が変化するので、その交点に○が入っている。

F-PP 二元表は、横軸に物理特性(PP)の一覧、縦軸に機能とその機能で変化する可能性がある PP の一覧で作られている。どの機能のどの PP が、別の

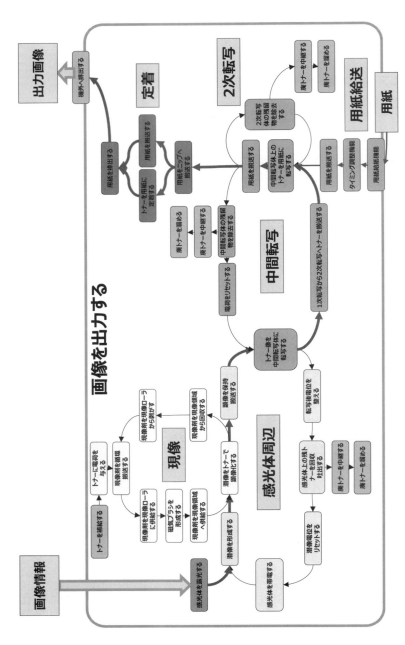

図 3.17　電子写真技術の機能のフロー

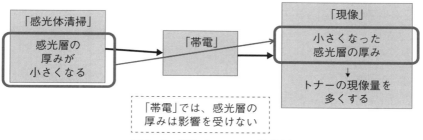

図 3.18　機能のフローの具体例

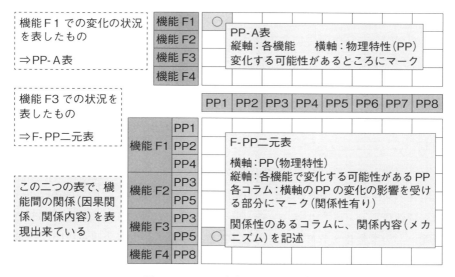

図 3.19　PP-A 表と F-PP 二元表

機能で変化したどの PP の影響を受けるかを示している。前の具体的事例では、機能 F1(感光体清掃) で変化した PP1(感光層厚み) が機能 F3(現像) において PP5(トナーの現像量) に影響を与えるのであるから、横軸 PP1 で縦軸が

機能 F3 の PP5 となる交点に○が入っている。

この F-PP 二元表と PP-A 表によって、機能間影響、つまり、原因となる機能と影響を受ける機能との関係を表現している。加えて、そのときに、どのような影響か、どの PP の影響かということも含めて表現している。したがって、F-PP 二元表と PP-A 表とを合わせたものが、機能間影響二元表(⑥)に相当することになる。

実際の PP-A 表、F-PP 二元表の事例を、図 3.17 に示した電子写真技術を用いて紹介する。PP-A 表が図 3.20 である。また、F-PP 二元表が図 3.21 である。どちらの表も、都合上詳細な記載はしていないことをご了承いただきたい。

機能間影響二元表を用いて DRBFM をどのようにして行うのかを、まずフローで説明する。図 3.22 は、図 3.19 の中の PP-A 表と F-PP 二元表のみを示したものである。その中に機能間影響二元表を用いた DRBFM の3つのステップを(A)～(C)で示してある。

3.2 節の(2)で示したように、部品やその特性を変更したとき、その変更によって影響を受ける機能を、機能展開−設計パラメーター(部品)二元表(③)を用いて抽出することができる。そして、そこで抽出された機能が他の機能にどのような影響を与える可能性があるかを抽出するのが、これから説明する(A)～(C)のステップである。

ステップ(A)：機能−物理特性検討表の作成

影響を受ける可能性があるとして抽出された機能において、その影響はどの物理特性(PP)への影響であるかを PP-A 表をもとに検討する。そして、その機能において変化する可能性がある PP 群の中から、実際の現象に関係が深いであろう PP を選ぶ。これを「機能−物理特性検討表」と呼ぶ。

ステップ(B)：物理特性影響検討表の作成

F-PP 二元表をもとに、選択した PP が影響を与える可能性がある機能と PP の中から、実際に影響するであろう機能と PP とを選ぶ。これを、「物理特性影響検討表」と呼ぶ。

3.2 DRBFM への適用

PP-A表 / 特性	トナー関係			現像剤、キャリア関係			感光体関係			帯電部材関係	中間転写体、2次転写体関係				用紙関係					定着関係			
主要機能	トナー量(付着量)	トナーの帯電量	トナー像の形状・物性	現像剤量	トナー濃度(分散状態)	キャリア(付着量)	感光体電位	感光体膜厚み	感光体表面状態	帯電部材の表面状態	中間転写体の表面状態	中間転写体の姿勢	2次転写体の姿勢	2次転写体の表面状態	用紙の姿勢(方向、変形)	用紙の含水率	用紙の持つ電荷	紙粉量	用紙の温度	定着部材の温度	定着部材(ベルト等)の硬度	定着部材(ベルト等)の持つ電荷	定着部材(ベルト等)の表面状態
現像																							
トナーに電荷を与える		○																					
現像剤を循環搬送する		○		○	○																		
磁気ブラシを形成する			○	○	○																		
潜像をトナーで顕像化する	○		○			○																	
感光体周辺																							
感光体を帯電する							○		○														
潜像を形成する	○						○	○	○														
感光体上の残トナーを回収排出する	○						○	○															
潜像電位をリセットする	○	○					○																
転写																							
トナー像を中間転写体に転写する	○	○	○									○											
中間転写体上のトナーを用紙に転写する													○		○	○							
(出口)用紙を搬送する	○													○				○					
中間転写体上の残留物を除去する	○										○				○			○					
2次転写体の残留物を除去する														○		○							
定着																							
用紙をニップに搬送する																	○		○				
トナーを用紙に定着する	○																		○	○	○	○	○
用紙を搬送する																				○	○		○

図 3.20 PP-A 表の事例

[二元表] F-PP二元表			物理特性(N)					
			トナー関係			現像剤、キャリア関係		
	主要機能	物理特性(A)	トナー量(付着量)	トナーの帯電量	トナー像の形状、物性	現像剤量	トナー濃度(分散状態)	キャリア付着量
現像	トナーに電荷を与える	トナーの帯電量	○	○		○	○	
		現像剤量		○			○	
		トナー濃度(分散状態)	○			○		
	現像剤を循環搬送する	トナーの帯電量				○	○	
		現像剤量				○	○	
		トナー濃度(分散状態)	○			○	○	
	磁気ブラシを形成する(Db部)	現像剤量			○	○	○	
		トナー濃度(分散状態)	○			○		
	潜像をトナーで顕像化する	トナー付着量			○			
		トナーの帯電量	○	○	○			
		トナー像の形状、物性			○		○	
		キャリア付着量			○		○	○
感光体周辺	感光体を帯電する	感光体表面状態						
		感光体電位	○		○			○
		帯電部材の表面状態	○					
	潜像を形成する	感光体電位	○					○
		トナー付着量	○	○				
	感光体上の残トナーを回収吐出する	感光体電位						
		感光体層厚み	○					○
		感光体表面状態						○
	潜像電位をリセットする	感光体電位						
転写	トナー像を中間転写体に転写する	トナー付着量	○	○			○	
		トナーの帯電量		○				
		トナー像の形状、物性	○	○	○			
		感光体電位						
		中間転写体の姿勢						
	中間転写体上のトナーを用紙に転写する	トナー付着量	○	○				○
		トナーの帯電量		○				
		トナー像の形状、物性	○	○	○			
		2次転写体の姿勢						
		用紙の持つ電荷						
		用紙の温度						
		紙粉量						
		中間転写体の姿勢						
	(ニップ&出口で)用紙を搬送する	用紙の持つ電荷						
		用紙の姿勢						
		2次転写体の姿勢						
	中間転写体上の残留物を除去する	トナー付着量	○	○	○			○
		中間転写体の表面状態	○					
		紙粉量						
	2次転写体の残留物を除去する	トナー付着量	○	○				
		2次転写体の表面状態	○					
		紙粉量						
定着	用紙をニップへ搬送する	用紙の姿勢						
	トナーを用紙に定着する	トナー付着量	○					
		トナー像の形状、物性	○			○		○
		用紙の含水率						
		定着部材の温度						
		定着部材(ベルト等)の表面状態	○					
		定着部材(ベルト等)の持つ電荷	○					
		用紙の温度						
	用紙を搬送する	用紙の姿勢	○		○			
		用紙の温度						
		定着部材(ベルト等)の持つ電荷量						
		定着部材の温度						

図 3.21　F-PP

3.2 DRBFMへの適用

感光体関係			帯電部材関係	中間転写体、2次転写体関係				用紙関係				定着関係		
感光体電位	感光体層厚み	感光体表面状態	帯電部材の表面状態	中間転写体の表面状態	中間転写体の姿勢	2次転写体の姿勢	2次転写体の表面状態	用紙の姿勢(方向、変形)	用紙の含水率	用紙の持つ電荷	紙粉量	用紙の温度	定着部材の温度	定着部材(ベルト等)の持つ電荷	定着部材(ベルト等)の表面状態
○	○	○													
○		○													
○	○	○													
○	○	○													
○	○	○	○												
			○												
○	○	○													
○	○	○													
○															
			○												
			○												
○	○														
○	○	○		○	○										
○					○										
○				○	○										
○	○				○										
					○										
				○	○	○	○	○	○						
				○	○			○	○						
				○		○		○	○	○					
					○										
					○			○	○			○			
												○			
						○	○			○					
				○	○										
						○	○	○			○				
							○	○	○		○				
				○	○						○				
				○											
				○											
					○	○					○				
						○					○				
						○									
						○	○	○		○					○
							○		○			○	○	○
							○	○	○		○			○
							○				○				
							○				○				
										○					
								○	○	○			○	○	○
											○	○			
								○	○	○	○		○	○	○
									○			○	○		
										○			○	○	○
												○			

二元表の事例

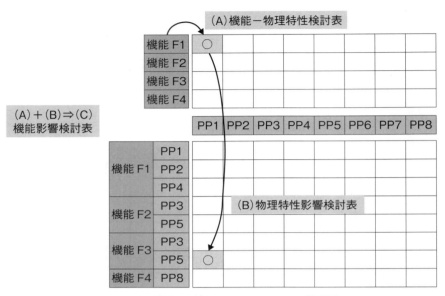

図 3.22 機能間影響 DRBFM のフロー説明図

ステップ(C)：機能影響検討表の作成

(A)と(B)の結果を整理するステップであり、抽出（あるいは選択）された部分のみを整理する。これを「機能影響検討表」と呼ぶ。

それぞれのワークシートの具体的事例を示す。ここでは、帯電装置の条件を変更することによる影響を考える。当然ながら、帯電装置の条件が変わることから、感光体を帯電する機能が影響を受ける。その機能が他の機能にどのように影響を与えるかを検討することになる。

表 3.5 に、ステップ(A)の機能−物理特性検討表の事例を示す。感光体を帯電するという機能への影響の中で、その機能で変化する可能性があるすべての物理特性(PP)が、PP-A 表をもとに抽出されている。その中で、感光体電位という物理特性(PP)が特に影響を受けるので、それを選ぶ。このとき、影響の内容（変化の内容）をできるだけ具体的に記載しておくとよい。

表 3.6 は、ステップ(B)の物理特性影響検討表の事例である。感光体電位と

表 3.5 機能－物理特性検討表の事例

<table>
<tr><th colspan="3">影響を受ける機能</th><th colspan="3">変化する可能性がある物理特性</th></tr>
<tr><th colspan="2">主要機能</th><th>影響の有無</th><th>影響の内容</th><th>物理特性</th><th>変化の可能性</th><th>変化の内容</th></tr>
<tr><td rowspan="10">感光体周辺</td><td rowspan="3">感光体を帯電する</td><td rowspan="3">影響有</td><td rowspan="3">帯電電位を下げる</td><td>トナーの帯電量</td><td></td><td></td></tr>
<tr><td>感光体電位</td><td>○</td><td>感光体の電位を下げることで、カブリマージン電位差を小さくする</td></tr>
<tr><td>感光体表面状態</td><td></td><td></td></tr>
<tr><td rowspan="2">潜像を形成する</td><td rowspan="2"></td><td rowspan="2"></td><td>帯電部材の表面状態</td><td colspan="2" rowspan="2">どのように変化するかをできるだけ具体的に記述（記録に残す）</td></tr>
<tr><td>感光体電位</td></tr>
<tr><td rowspan="3">顕像を保持搬送する</td><td rowspan="3"></td><td rowspan="3"></td><td>トナー像の形状、物性</td><td></td><td></td></tr>
<tr><td>トナー量(付着量)</td><td></td><td></td></tr>
<tr><td>トナーの帯電量</td><td></td><td></td></tr>
<tr><td></td><td></td><td></td><td>感光体電位</td><td></td><td></td></tr>
<tr><td rowspan="2">転写後電位を整える</td><td rowspan="2"></td><td rowspan="2"></td><td>トナーの帯電量</td><td></td><td></td></tr>
<tr><td>感光体電位</td><td></td><td></td></tr>
</table>

いう PP が影響を与える機能と PP とを、F-PP 二元表をもとにすべて抽出することができている。F-PP 二元表の関係性のところに、現象のメカニズムの説明を埋め込んでおくことも可能である。そうすると、物理特性影響検討表に、抽出された機能と PP だけでなく、その現象のメカニズムも示される。表 3.6 にはそれも示してある。発生メカニズムも参考に、感光体電位という物理特性の変化の方向や大きさを勘案して、影響を受けるであろう機能と物理特性（PP）を選ぶ。表 3.6 の中では、5 つの機能と物理特性を選んである。

表 3.7 は、ステップ（C）の機能影響検討表の事例である。ステップ（A）、（B）で選んだ部分のみを一覧表で示してある。この表をもとに、DRBFM として、デザインレビューの場で議論を行うことになる。そうすることで、部品の変更点の機能への直接影響だけでなく、変化する機能から他の機能への影響も漏れなく抽出可能になる。

QFD-Advanced の活用により、問題発生の未然防止のための DRBFM の精度が向上することになる。

表 3.6 物理特性影響検討表の事例

設計P変更に伴い影響を受ける機能	影響を与える物理特性		影響を受ける可能性がある主要機能	影響を受ける可能性がある物理特性		発生メカニズム	影響の有無	影響内容
	物理特性	変化の内容			物理特性			
感光体を帯電する	感光体の電位を下げること、クリーニング電位差を小さくする		現像	潜像をトナーで顕像化する	トナー量(付着量)	現像効果は現像電界、つまり感光部と画像部電位の差に影響を受ける	影響有	背景部電位の変化であり、画像部の電位変化は少ない。ただし、エッジ効果への影響で、ライン画像のトナー付着量が少なくなる可能性がある(線幅が大きくなる方向)
					トナー像の形状、物性	感光体の電位(背景部画像部電位)によって、現像時のエッジ効果や入り込みの状況が変化する	影響有	画像が変化する可能性あり(線幅が大きくなる方向)
					キャリア付着量	背景部感光体電位と現像バイアスとの差(かぶりマージン)が大きくなるとキャリア付着しやすい		キャリア付着しにくくなる方向
				潜像を形成する	感光体電位	帯電部に入ってくる感光体電位(電荷)によって帯電位が維持される	影響有	感光体電位が下がるので、入ってくる電位上試されるが、その帯変化する
					トナーの帯電位			
				潜像を保持搬送する	感光体電位	露光前の感光体電位=現像後の感光体電位		
					感光体電位	露光後の感光体電位=現像後の感光体電位(減変量)		
			感光体周辺	転写後電位を整える	感光体電位	転写後の感光体電位=トナー帯電位による電界からクリーニング電位に入る		露光部分響はない
				感光体上の残トナーを回収し出す	トナー量(付着量)	電界クリーニング時の感光体残電位=クリーニング前電位や電荷の位差の影響を受ける		転写での初期表面電位の差の影響が小さくなっている
				潜像電位をリセットする	感光体電位	イレースによる感光体表面電位の変化は、イレース前の電位や電荷の位差の影響を受ける		イレースやすい方向であるので、影響はイレース前問題はない
			転写	トナー像を中間転写体に転写する	トナー量(付着量)	感光体電位(表面電位)によって転写電界が異なる場合があり、トナーの転写性に影響を与える		非画像部の電位の低下であり、転写性への影響はほとんどない
					トナーの帯電位	感光体の電位によっては転写ニップ部で放電が起こり、トナーの転写性を変化させる場合がある		非画像部の電位であり、トナーの転写性に影響はない
					トナー像の形状、物性	感光体の電位によっては転写電界が異なる場合があり、トナーの転写性に影響を与える		非画像部の電位であり、トナーの転写性に影響はない
					感光体電位	転写ニップにおける放電は感光体電位の影響を受けるので、転写後電位は転写前の感光体電位に依存する	影響有	電位の低下量が大きくすると、大きな影響である

※ F-PP二元表をもとに抽出された、影響を受ける可能性があるPPに検討し、影響の有無(影響内容)を記載
⇒その理由(発生メカニズム)も記載
⇒記録に残すという観点で重要

3.2 DRBFM への適用

表 3.7 機能影響検討表の事例

影響を受ける機能	変化する可能性がある物理特性		影響を受ける可能性がある機能		影響を受ける可能性がある物理特性			
	物理特性	変化の内容	機能	心配点	物理特性	発生メカニズム	影響内容	
感光体を帯電する	感光体電位	感光体の電位を下げることで、カブリマージン電位差を小さくする	現像	潜像をトナーで顕像化する	○	トナー量(付着量)	現像効率は現像電界、つまり感光体の電位の影響を受ける	背景部電位の変化であり、画像部の電位差の変化は少ない。ただし、エッジ効果への影響で、ライン性がある
						トナー像の形状、物性	感光体 カ		(なる)
			感光体周辺	感光体を帯電する	○	感光体電位	帯荷 場合がある		電位のムラが
				潜像を形成する	○	感光体電位	露光前の感光体の電位状態(電荷の位置等)で露光後の感光体電位は影響を受ける。	初期電位が低いと、同じ露光量、露光分布では、画像潜像の幅が広くなる
			転写	トナーを中間転写体に転写する	○	感光体電位	転写ニップにおける放電は感光体電位の影響を受けるので、転写後電位は転写前の感光体電位に依存する	電位の低下量からすると、大きな影響ではない

> 抽出した部分のみを整理
> ⇒(ユニット別)DRBFM シートに追記
> ⇒レビューの場で、機能間の影響を含めて議論可能

第 3 章のまとめ

　生産段階や市場における品質問題の発生を未然に防止することは、まえがきで述べた「悪魔のサイクル」(まえがきの図 1)を分断するための重要な方策のひとつである。未然防止のための手法である FMEA や DRBFM を効果的に用いるための QFD-Advanced の活用方法について、事例を用いて詳しく説明してきた。

　基本二元表による対象システムの全体の見える化をもとに、外側二元表とワークシートを用いることで、FMEA、DRBFM、機能間影響 DRBFM の各手法において、必要な情報を適切に抽出し示すことができる。そうすることで、品質問題発生の未然防止を確実に行うことが可能になることを示した。

第4章
QFD-Advancedの設計検討における各種手法への適用

　QFD-Advanced は、未然防止による品質の確保のためだけでなく、より品質を向上させるための設計検討のプロセスにおいても有効に活用できる。

　本章では、設計検討における各種手法と QFD-Advanced との連携に関して説明する。商品の企画段階で用いる品質表、課題に対する解決策を求めるためのアイデア発想法、新しいアイデアを含めて評価し、システムの最適化を図るための品質工学、そして、設計検討段階などで起こった問題の原因を分析するための FTA について、それぞれ述べていく。

4.1 顧客要求品質分析への適用

（1）品質表の概要と課題

　QFDではさまざまな二元表を作成して活用するが、その中で最も有名な二元表が品質表（①）である。品質表とは、「設計品質（品質特性の目標値）が定められた根拠を可視化したもの」（永井一志：『品質機能展開（QFD）の基礎と活用』、日本規格協会、2017年）である。なぜその設計品質（品質特性）が必要なのか、顧客にとってその設計品質は何のためにあるのかという情報を整理した表である。表としては、縦軸に顧客の要求品質という顧客の側の情報をとり、横軸に商品の品質特性というメーカー側の情報をとって、その関係を示したものである。顧客とメーカーとの関係を示す二元表ともいえる。

　具体的な品質表の事例を、2.7節で示した「給紙搬送システム」という商品に関して作成したのが、図4.1である。縦軸に、「給紙搬送システム」への顧客の要求品質を並べ、横軸には「給紙搬送システム」の品質特性を並べてある。なお、当然ながら、1.1節で示したように、品質表の横軸の品質特性が、次の二元表である品質機能－機能展開二元表につながっている。したがって、図4.1の横軸の品質特性は、図2.14の品質機能－機能展開二元表の縦軸（品質特性）と同じものである。また、品質表の右側には要求品質の重要度や競合他社の現状の満足度などが、下側には各品質特性の重要度と目標値を記入する欄が通常は設けられるが、図4.1ではそれを省いてある。

　縦軸の顧客の要求品質について説明する。ここでの顧客は、本給紙搬送システムが組み込まれているMFPやプリンタのユーザーである。その顧客にとっての要求を整理しているのが要求品質である。画像に関する要求だけでなく、機械を操作するうえでの要求や、トラブル対応なども入っている。この要求がどのようにして導き出されたかが重要であるが、従来の品質表では、それを表現することがやりにくいという課題がある。それに対して、QFD-Advancedを活用することで、顧客の要求の背景を整理して示すことが可能になる。それ

顧客要求		給紙信頼性		生産性	出力品質					画像精度品質		環境社会性品質		
		ジャム率	重送率		角折れ	紙しわ	傷	積載性	中折れ	曲がり	片寄り	操作安全性	操作力量	動作音
使用可能な用紙の種類が多い	1枚ずつ確実に送り出すことができる	○	○											
	用紙の送り出しミスがない	○												
機械が正しく動いている	トラブル時に必ず機械が止まる											○		
	目標の印刷速度が出ている			○										
	機械の音が小さい													○
きれいな画像で印刷できる	画像そのものがきれい					○		○	○	○				
	用紙中の画像の位置が正確である										○	○		
	用紙に悪い変化がない					○	○			○				
用紙のセットが簡単で安全である	用紙のセットを小さい力でできる													○
	用紙のセット位置がわかりやすい	△	△								○	○		
	用紙のセットでけがをしない												○	
印刷した用紙を取り出しやすい	排出用紙がきれいに重なっている								○					

図 4.1 給紙搬送システムの品質表(①)

ぞれの顧客の要求が、どのような顧客のどのようなシーンでの要求であるかを、見える化できているということである。詳細は(2)で説明する。

(2) 顧客要求品質－シーン展開二元表の活用

2.3節のいもづる式ワークシートの解説で、顧客要求品質－シーン展開二元表(⑤)の意味合いについてはすでに紹介してある(図 2.5)。ここでは、顧客要求品質－シーン展開二元表の具体的事例を用いて、詳細に説明を行う。

図 4.2 は、給紙搬送システムの品質表につながる顧客要求品質－シーン展開二元表(⑤)の事例である。縦軸は、図 4.1 の品質表の顧客の要求品質であり、横軸が、給紙搬送ユニットを用いる顧客の活用シーンを並べたものである。

横軸の顧客の活用シーンについて説明する。(1)で述べたように、ここでの顧客は、給紙搬送システムが組み込まれている MFP やプリンタのユーザ、および、実際に製品を頻繁には使わないけれども、管理する立場の管理者である。印刷するユーザと管理するユーザの両方を考える必要がある。

印刷するユーザにおいては、印刷する手順に沿ったシーンを想定する。以下のようなシーンが想定できる。

(ⅰ) 用紙をセットする。
(ⅱ) 印刷を実行する。
(ⅲ) 印刷物を取り出す。
(ⅳ) 印刷物を活用する。
(ⅴ) 機械のトラブルへ対応する。

管理者としては、コスト削減のために廉価紙を使ってもらいたい。また、使用環境や安全の確保は、管理者にとって重要な要因である。

このような顧客の活用シーンを横軸にとり、そのシーンで求められる要求品質を検討したうえで整理したのが、縦軸の顧客の要求品質である。顧客の要求品質はすべてのシーンで同じように求められているのではなく、シーン特有のものが多くある。それを二元表で整理したのが、顧客要求品質－シーン展開二元表である。

活用方法としては、いろいろとあるが、一例を以下に示していく。

管理者の立場として、世の中の動きへの対応や使用時のコストダウンを目指

		印刷するユーザー					管理者	
		用紙をセットする	印刷する	用紙を取り出す	印刷物を使用する	トラブル対応する	廉価紙を使用する	環境/安全に配慮する
使用可能な用紙の種類が多い	1枚ずつ確実に送り出すことができる		○				○	
	用紙の送り出しミスがない		○				○	
機械が正しく動いている	トラブル時に必ず機械が止まる					○		○
	目標の印刷速度が出ている		○					
	機械の動作音が小さい		△					○
きれいな画像で印刷できる	画像そのものがきれい				○		○	
	用紙中の画像の位置が正確である				○		○	
	用紙に悪い変化がない			○	○		○	
用紙のセットが簡単で安全である	用紙のセットを小さい力でできる	○						
	用紙のセット位置がわかりやすい	○						
	用紙のセットでけがをしない	○						○
印刷した用紙を取り出しやすい	排出用紙がきれいに重なっている			○				

図4.2 顧客要求品質-シーン展開外側二元表(⑤)

して、再生紙や海外製の廉価紙を用いたい、あるいは廉価紙の使用比率を現状よりも上げたいという要求をもつとする。顧客要求品質－シーン展開二元表における「廉価紙を使用する」というシーンでの改善ということになるので、その二元表からどのような顧客要求品質があるかを抽出する。

具体的には、「使用可能な用紙の種類が多い」という要求の中の「1枚ずつ確実に送り出すことができる」、「用紙の送り出しにミスがない」という要求であり、「きれいな画像で印刷できる」という要求の中の、「画像そのものがきれい」、「用紙中の画像の位置が正確である」という要求である。それらをこれまでの知見をもとに検討し、特に「用紙の送り出しミスの低減」と「用紙中の画像の位置」が重要であると判断したとする。

次に品質表から、上の2つの重要と判断した要求に関する品質特性を抽出する。給紙信頼性の「ジャム率」と画像精度品質の「曲がり」、「片寄り」である。つまり、管理者の廉価紙を使わせたいという目的のためには、システムの品質特性として、「ジャム率」と、画像における「曲がり」、「片寄り」の改善が必要であり、その目標値を現状よりも上げなければならないことがわかる。

このように、顧客の要求品質の背景を、顧客要求品質－シーン展開二元表を用いることで明らかにすることができる。顧客がその要求をするのはなぜなのか、どのようなときなのかがわかることで、より的確に、顧客に合った要求品質を抽出することが可能になる。

4.2 アイデア発想法への適用

(1) アイデア発想法の概要

世の中にあるアイデア発想法（創造技法）を分類すると、表4.1に示すように大きく3つの系統に分かれる。

また、アイデア発想のためには、アイデア出しを行うための「プロセス」と、そのプロセスにおいて参考にする「ヒント集」が必要であり、表4.1の各系統

表 4.1 アイデア発想法の分類

分類	特徴	手法例
自由連想法	自由に（そのもとは知識と経験がベース）連想しながらアイデアを広げていく技法。数が出やすい傾向にある反面、自分の頭の中に色濃く存在する情報の枠組みから離れづらくなりやすい。例えば、専門性の枠を超えにくいということなど。	・ブレインストーミング法
強制連想法	アイデア出しの視点や方向を固定して、アイデアを強制的に導き出そうとする方法。観点や視点を固定することから、やや窮屈な印象があるが、自由連想法ではアイデアが得られなくなった時に、斬新で今までにない観点のアイデアを得るのに有効。	・チェックリスト法 ・TRIZ ・USIT
類比思考法	異なる2つ以上の事象の間にある何らか（機能、性質、構造、原理等）の同一性を類比（アナロジー）と言い、その類比思考を使ってアイデアを出す技法。広く他の領域まで探索できる技法であり、技術者に必須の方法でありながら、しっかりとした教育を行っているところは少ない。	・等価変換理論 ・NM法

表 4.2 アイデア発想法のプロセスとヒント集

分類	プロセスの特徴	参考にするヒント集
自由連想法	・「問題分析」は必須ではない ・グループでやることが多く、その方が効果が出る	・自分の知識と経験
強制連想法	・しっかりとした「問題分析」のプロセスをもつ ・「問題分析」することで、ヒント集を有効に活用できる	・具体的事例をもとに抽象化されたヒント集
類比思考法	・しっかりとした「問題分析」のプロセスをもつ ・「問題分析」することで、ヒント集を有効に活用できる	・具体的事例群そのままのヒント集

は、その部分にそれぞれ特徴をもつ。それを**表 4.2** に示す。

第4章 QFD-Advanced の設計検討における各種手法への適用

　QFD-Advanced では、開発プロセス全体を二元表で整理したうえで、その情報を活用してアイデアを出すことを行う。つまり、二元表での整理による「問題分析」のプロセスをすでにもっているといえる。図4.3 に、問題分析の

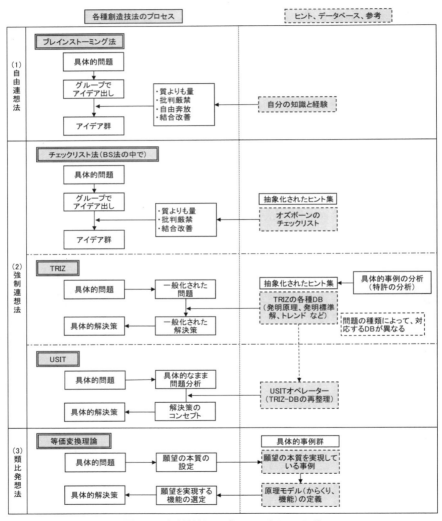

図4.3　各種技法のプロセスとヒント集

プロセスをもっている「強制連想法」と「類比発想法」について、プロセスとヒント集の観点で整理して示す。比較のために、「自由連想法」についても示してある。

次いで、アイデア発想法の中で、QFD-Advanced との連携について関係が深い TRIZ と USIT について説明を行う。

(2) TRIZ、USIT の概要と課題

TRIZ は Theory of inventive problem solving のロシア語の頭文字をとったものである。詳細は、さまざまな解説や書籍があるのでそれに譲るとして、ここでは、概要を紹介し、後で述べる USIT との比較を行えるようにする。

TRIZ の定義もいろいろと紹介されているが、本書では次の定義とする。

「創造的な革新や応用技術にはその基礎となる汎用的な原理があるという仮説のもと、数多くの特許をいくつかの観点で分析・整理し、その観点ごとに提案された、アイデア発想のためのヒント集とそれを用いる方法論」

これをもう少し具体的に示したのが図 4.4 である。

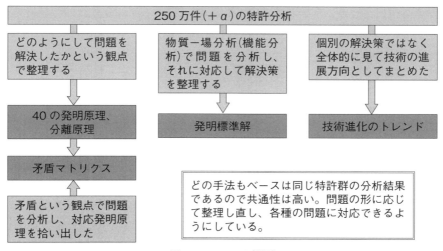

図 4.4　TRIZ の概要

ただし、実際に TRIZ を活用しようとすると、次のような問題がある(図 4.5)。

TRIZ にはさまざまなヒント集があるが、どれを用いるのが適切であるかは問題の種類によって異なっている。逆の言い方をすると、問題の種類がわからないと適切なヒント集を用いることができず、有効なアイデアを出すことができない場合がある。

それに対応して考えられたのが、次に示す USIT である。

USIT は Unified Structured Inventive Thinking の略であり、どんな問題においても，そのシステムには，「オブジェクト(もの)」、「ものの性質(属性)」、「ものの機能」はあり、解決策は，その「オブジェクト(もの)」、「性質(属性)」、「機能」のどれかを変えている、という考え方にもとづいている。そして、その方法論に合わせて TRIZ のさまざまなヒント集を再構成して、USIT オペレーターという新たなヒント集が提案されている。図 4.6 に TRIZ のヒント集群と USIT オペレーターとの関係を示す。

USIT オペレーターは、オブジェクト(もの)、属性(性質)、機能に関するヒント集として整理されている。問題の種類がわからなくても、対象とするシステムの中に、どのようなオブジェクト(もの)があり、その属性(性質)は何で、どのような機能をもっているかがわかりさえすれば、その USIT オペレーターを働かせて新たなアイデアを生み出すことができる。USIT オペレーター

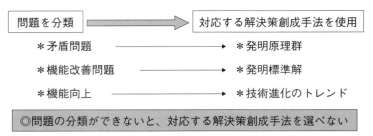

図 4.5　TRIZ 使用上の問題

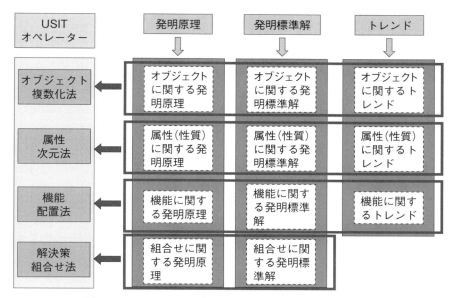

図 4.6　TRIZ のヒント集群と USIT オペレーターの関係

をひととおり作用させれば、TRIZ のヒント集のすべてを活用したことになる。

USIT オペレーターを効率よく活用するには、システムが、オブジェクト(もの)、その属性(性質)、機能の観点で整理されていることが必要である。その整理をどのようにして行うかが、USIT 活用上の課題になる。その課題への対応策が、QFD-Advanced で提案しているアイデア発想対応外側二元表である。

(3) アイデア発想対応外側二元表の活用

アイデア発想対応外側二元表は、(2)で述べた中の、USIT オペレーターを適切に活用するための二元表である。図 4.6 からわかるように、USIT オペレーターには「オブジェクト(もの)に関するオペレーター」、「属性(性質)に関するオペレーター」、「機能に関するオペレーター」の 3 種類がある。

基本二元表の中の、品質特性－機能展開二元表(②)、機能展開－設計パラメーター(部品)二元表(③)の各軸の定義と対応させると、次のように書ける。

「オブジェクト(もの)」＝部品
「属性(性質)」＝部品の特性
「機能」＝機能

つまり、基本二元表の形に整理することで、それぞれの軸の項目に対して、その特性に合ったUSITオペレーターを適用することができる。その適用を、外側二元表を用いることで、効率的、網羅的に行うことが可能になる。そのことを、図4.7を用いて説明する。

機能に関するUSITオペレーターは、機能に対して働かせるオペレーター(機能に関するヒント集)であるので、機能展開－USITオペレーター二元表(⑧)を作成することができる。

着目機能に何らかの課題、問題があったときに、機能にかかわるUSITオペレーターがすべて紐づけられているので、ワークシートを用いてそれを表示させながら、そのオペレーターを参考にしつつ解決策のアイデアを考えていくことになる。機能に関するヒント集の一覧のみをもとに考えることができるの

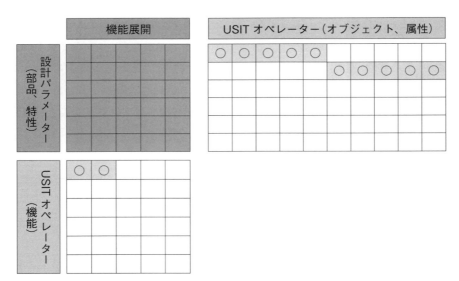

図4.7　USITオペレーター対応外側二元表(⑧)(⑫)

で、効率的に有効なアイデアを発想できる可能性が高くなる。

　ものに関するオペレーター、あるいは、ものの属性に関するオペレーターは、部品とその特性に働かせるのであるから、部品 − USIT オペレーター二元表（⑫）を構成することになる。

　部品そのもの（もの）に関するオペレーターと部品の特性（属性）に関するオペレーターがあるので、その外側二元表においては、左側の軸が「もの」か「ものの特性」かによって、関係性のつけ方が異なってくる。「もの」の場合は、オブジェクトに関する USIT オペレーターとの関係性のみを入れ、「ものの特性」の場合は、属性に関する USIT オペレーターとの関係性のみを入れる。

　具体的な USIT オペレーターの一覧やその内容については、引用・参考文献に挙げた HP の資料類を参照するとよい。ここでは、一覧のみを、オペレーターを分類した表として**図 4.8** に示す。この中の、オブジェクト、属性、機能に関するオペレーター群が、図 4.7 の 2 つの外側二元表の縦軸や横軸の項目になる。

4.3　品質工学への適用

（1）品質工学の概要と課題

　品質工学（Quality Engineering）の理解には多様なものがあるが、ここでは、芝野広志氏が品質工学発表大会で講演された内容をもとに考える。その内容を、思想、方法論、言葉・ツールに分けて示していく。

　図 4.9 の左側に品質工学の思想をまとめてある。「品質は社会的損失である」、「品質がよいとは機能のばらつきが小さいことである」という定義と、進め方、そして目標からなっている。こうした思想を実現するための方法論を、品質工学ではもっている。それを図 4.9 の右側に並べた。

　思想を実現するための方法論であるので、それぞれの間に因果関係がある。その関係を二元表で示したのが、**図 4.10** である。どの方法論がどの思想に関

図 4.8 USIT オペレーター一覧

オペレーション	オペレーションの対象			左で得られた結果に対するオペレーター
	オブジェクト	性質(属性)	機能	解決策組合せ法
消去	(1a)そのオブジェクトを消去する(ゼロにする)	(2a)有害な属性を使わない(関係ない)ようにする		(4a)機能的に組み合わせる
増加	(1b)そのオブジェクトを多数(2, 3,…, ∞個)にする			(4b)空間的に組み合わせる
分割/分布	(1c)そのオブジェクトを分割(1/2, 1/3,…, 1/∞ずつ)する	(2d, 2e後半)(有害/有用な)属性およびその値を、空間的、時間的に配置/変化させる	(3b)複合した機能(複数の機能)を分割して別のオブジェクトに担わせる	(4c)時間的に組み合わせる
			(3e)機能を空間的に配置/変化させる、また、空間での配置/移動/振動の機能を利用する	(4d)構造的に組み合わせる
			(3f)機能を時間的に配置する、変化させる	(4e)原理レベルで組み合わせる
統合	(1d)複数のオブジェクトをまとめて一つにする		(3c)2つの機能を統合して一つのオブジェクトに担わせる	(4f)スーパーシステムに移行する
代替			(3a)ある機能を別のオブジェクトに担わせる	
導入	(1e)新しい/変容させたオブジェクトを導入する	(2b)新しい有用な属性を使う(関与する)ようにする	(3d)新しい有用な機能を導入するオブジェクトに担わせる	
	(1f)環境中のオブジェクトを導入する	(2g)ミクロのレベルの属性・性質を使う	(3g)検出・測定の機能を実現する	
		(2d前半)空間に関する属性を導入	(3h前半)適応・調整・制御の機能を導入	
		(2e前半)時間に関する属性を導入		
置き換え	(1g)固体のオブジェクトを、粉体、流体、液体、気体などのオブジェクトで置き換える	(2f)オブジェクトの相を変える、相変化を利用する、内部構造を変える	(3i)同種の機能を別の物理原理(形態)で置き換える	
拡張/抑制		(2c)有用な属性を強調し、有害な属性を抑制する	(3h後半)適応・調整・制御の機能拡張する	
		(2h)システム全体としての性質・機能を向上させる		

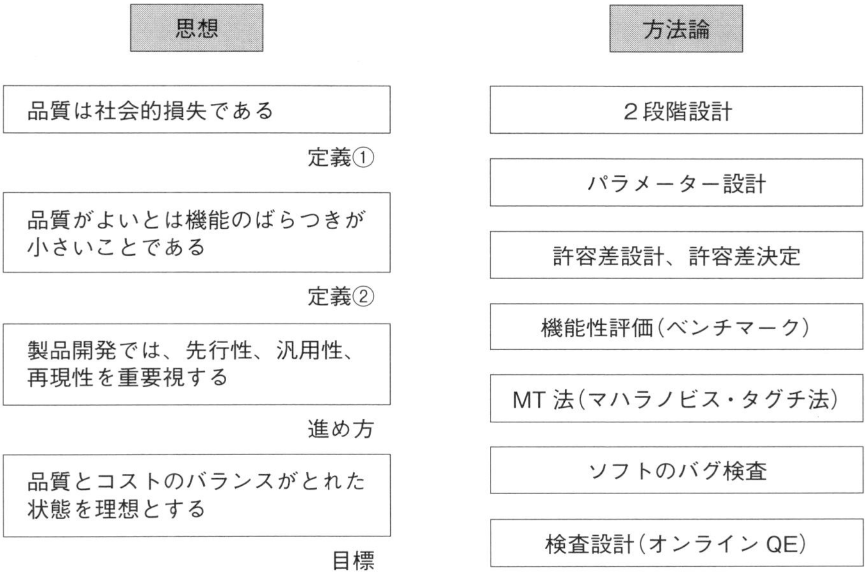

4.3 品質工学への適用

思想	方法論
品質は社会的損失である（定義①）	２段階設計
品質がよいとは機能のばらつきが小さいことである（定義②）	パラメーター設計
	許容差設計、許容差決定
製品開発では、先行性、汎用性、再現性を重要視する（進め方）	機能性評価（ベンチマーク）
	MT法（マハラノビス・タグチ法）
品質とコストのバランスがとれた状態を理想とする（目標）	ソフトのバグ検査
	検査設計（オンラインQE）

出典）芝野広志：「品質工学の考え方の研究」、『第20回品質工学研究会発表大会発表資料』、品質工学会、2012年をもとに作成。

図 4.9　品質工学の思想と方法論

係しているかを表している。QFD-Advancedという考え方の中で連携する方法論は、パラメーター設計と機能性評価（ベンチマーク）である。

各方法論を具体的に実行するためのツールや言葉（因子）と方法論との関係を示したのが、図 4.11 の二元表である。縦軸が言葉・ツールであり、横軸が方法論である。QFD-Advancedという考え方において連携活用する言葉・ツールは、線で囲んだ「因子（制御因子・誤差因子）」と「基本機能」である。そして、二元表から明らかなように、それによってパラメーター設計、機能性評価という方法論を実行することに寄与している。

パラメーター設計と機能性評価の2つの方法論に共通する因子が、誤差因子である。品質工学の思想のひとつである「品質がよいとは機能のばらつきが小さいことである」の中の「機能のばらつき」を評価するには、適切な誤差因子

思想 \ 方法論	2段階設計	パラメーター設計	許容差設計	機能性評価	MT法	ソフトバグ検査	オンラインQE
品質は社会的損失である			○				○
品質が良いとは機能のばらつきが少ないことである	○	○		○	○		
製品開発では、先行性、汎用性、再現性を重要視する	○	○				○	
品質とコストのバランスがとれた状態を理想とする			○				○

出典) 芝野広志:「品質工学の考え方の研究」、『第20回品質工学研究会発表大会発表資料』、品質工学会、2012年をもとに作成。

図 4.10　品質工学の思想と方法論の関係

言葉・ツール		2段階設計	パラメーター設計	許容差設計	機能性評価	MT法	ソフトバグ検査	オンラインQE
SN比	動特性SN比	○	○	○	○			○
	静特性SN比	○	○	○	○			○
	標準SN比	○	○	○	○			
	利得の再現性	○	○	○	○			
実験計画	直交表	○	○	○	○		○	○
因子	制御因子	○	○	○				
	誤差因子	○	○	○	○	○		
評価方法	基本機能	○	○					
	CAE評価	○	○	○				
	マハラノビス距離					○		
	損失関数			○				○
	安全係数			○				○

図 4.11　品質工学の方法論と言葉・ツールの関係

(ノイズ)を入れた検討が必要である。しかしながら、そのノイズの種類が不十分であったり、不適切なノイズを入れてしまったというような場合が、実際には結構多く見受けられる。そのときには、機能のばらつきの程度を改善することができないことになる。適切なノイズを用いることができるかどうかが、パラメーター設計や機能性評価を行ううえでの重要な課題になる。

QFD-Advanced を活用することで、パラメーター設計や機能性評価において、適切かつ十分な誤差因子(ノイズ)を選択することができるようになる。詳細を次項以降で説明する。

(2) パラメーター設計と機能性評価の概要

ここで、品質工学の中で QFD-Advanced に関係する2つの方法論である、パラメーター設計と機能性評価に関して、説明を行う。

図 4.12 に、パラメーター設計の進め方のフローを示す。パラメーター設計の目的は、品質工学の定義である「品質がよいとは機能のばらつきが小さいことである」を実現するための、制御因子(設計者が決めることができる因子)の適切な値の組合せを求めることである。機能のばらつきが小さいとは、市場で

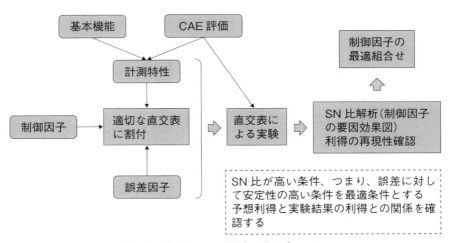

図 4.12　パラメーター設計の進め方のフロー

のさまざまな使われ方などの影響があったとしても、機能のレベルの変化が少ないことを意味する。それを評価する指標が、感度と誤差の比である SN 比である。SN 比の大きい状態が、機能の安定性は高いといえる。

次に実験計画について説明する。実験計画を立案するには、まず何を計測するかを決める。計測特性はできるだけ基本的な機能、さまざまな現象に関係する機能であることが望ましい。基本機能とも呼ばれる。そのうえで、最適化したい制御因子群と適切な誤差因子群を組み合わせて実験計画を立案する。そのときに、実験計画法で用いられている直交表を活用する。

実際の実験は、実物による実験もあれば、CAE による計算実験もあるが、効率化のために、CAE による評価を積極的に活用することが望まれている。そのためには現象や機能のモデル化が必要である。

直交表実験を終えた後、実験結果を解析する。そのときに、SN 比および感度 S に対する各制御因子の影響を求める。このとき、要因効果図という複数のグラフを用いる。その結果から、最適条件を選択し、その条件での確認実験を行い、実験結果の妥当性を判断する。また、因子間に交互作用があると、最適条件の組合せで予測を再現できないことがある。最適条件の組合せで予測した結果を再現できていれば、その制御因子の組合せを最適条件とする。

図 4.13 は、機能性評価のフローである。機能性評価とは、対象とするシステムとベンチマーク（比較対象）システムとの比較を、機能の安定性に関して行う検討である。機能の安定性の指標は SN 比であるので、同じ誤差を与えたときに機能のレベルの変化が小さいほうが SN 比が大きくなる。すなわち、機能の安定性が高いということになる。実際には複数の誤差因子を直交表に割りつけて、対象システムとベンチマークシステムの両方で評価を行う。実験結果の SN 比を求め、その SN 比の差が、対象システムのベンチマークシステムに対する改善レベルに相当する。

(3) パラメーター設計、機能性評価の実験計画立案支援への活用

QFD-Advanced を品質工学のパラメーター設計、機能性評価のために活用

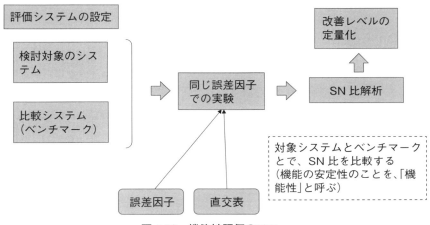

図 4.13　機能性評価のフロー

するときに、基本二元表の機能展開−設計パラメーター二元表(③)、外側二元表の、機能展開−機能ノイズ二元表(⑦)、設計パラメーター−部品ノイズ二元表(⑩)を用いる。また、機能の品質への影響まで確認するには、それらに加えて、品質特性−機能展開二元表(②)を用いる。

　図 4.14 には、この関係する二元表のみ抽出して示してある。機能展開−設計パラメーター二元表において、横軸の機能が品質工学のパラメーター設計で安定化を目指すもの、機能性評価で安定性を評価するものである。また、縦軸の設計パラメーターが、設計者が決めることができるものであり、品質工学における制御因子に相当する。

　次に、ノイズに関する 2 つの外側二元表について説明する。1 つ目は、機能展開−機能ノイズ二元表である。図 4.14 において、機能展開−設計パラメーター二元表の下に示されている。縦軸に、機能に影響を与えるノイズの一覧を置き、各ノイズが横軸のどの機能に影響を与えるかを示す二元表である。機能に影響を与えるノイズとしては、「給紙搬送システム」であれば、温湿度などの環境条件、連続使用や間欠使用などの使用モード、用いる用紙の種類、両面プリントであれば、1 面目の画像の状況などがある。機能ノイズは、対象シス

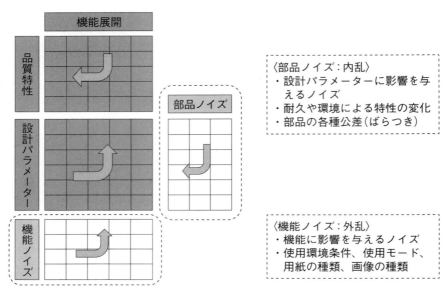

図 4.14　品質工学との連携で用いる二元表群

テムの市場でのさまざまな使われ方の影響を表している。使用環境や使用モードは顧客が決めることであり、システム側で制御できない因子である。品質工学の用語を用いれば「外乱」と表現することができるノイズである。

2つ目は、設計パラメーター(部品)、つまり制御因子そのものの変化に関係する設計パラメーター-部品ノイズ二元表である。機能展開-設計パラメーター二元表の右側に示されている。横軸の部品ノイズの項目となるのは、初期的な部品の精度ばらつきや、環境や耐久(繰り返し使用や長期間使用)における部品の特性の変化である。耐久による摩耗で表面状態が変化したり、電気を通すことを繰り返すことで電気的特性が変化する場合などがある。初期的な部品精度ばらつきは製造段階の影響を表しており、環境や耐久は、顧客での使われ方の影響である。部品そのものの特性がばらつくことであり、品質工学の用語を用いれば、「内乱」と表現することができるノイズである。

図 4.14 の二元表の中のブロック矢印は、影響を与える側を起点として表示

してある。

QFD-Advancedでは、図4.14に示したノイズに関する外側二元表を活用して、品質工学のパラメーター設計や機能性評価の実験計画立案を支援する。パラメーター設計を計画するときには、図4.12のフローで示したように、何を評価するか、あるいはどのように評価するか、制御因子はどれを用いるか、ノイズはどれを用いるかが重要である。この中の、何を評価するか、つまりどの機能を評価するかという点に関しては、後に、機能ブロック図を用いた事例のところで説明する。

ここでは、制御因子とノイズにかかわる部分のみを示す。表4.3は、制御因子とノイズに関する、パラメーター設計検討用ワークシートである。どの制御因子を取り上げるか、どのノイズを用いるかという選択を支援するためのワークシートである。

選択される項目は、すべて、機能展開−設計パラメーター二元表(③)と上記の2つのノイズにかかわる外側二元表(⑦・⑩)に網羅されている。安定化させたい機能を選ぶと、二元表を通して関係している設計パラメーター(制御因子)

表4.3 パラメーター設計検討用ワークシート

対象機能 (評価機能)	設計パラメーター 機能ノイズ	選択の有無	部品ノイズ	選択の有無
機能FFF	部品A−α	○	環境	○
			公差	○
	部品A−β		耐久	
			環境	
	部品B−α	○	公差	○
	部品C−γ		公差	
	環境			
	使用モード	○		
	用紙種			

(制御因子 / 誤差因子 は図中の囲み注記)

とノイズ(機能ノイズ、部品ノイズ)をすべて抽出し示すことができる。そのフローを図 4.15 に示す。

抽出した情報の中から、適切なものを議論しつつ選択するということになる。このとき、すべての要素を抽出できているので、検討が漏れることはない。また、ワークシートの形で見える化できているので、議論そのものを的を絞って効率的に行うことができる。この意味で、先に述べた課題に対応できている。

表 4.3 のワークシートには、選択の有無という欄を設けて、議論の結果を記すことができるようにしている。

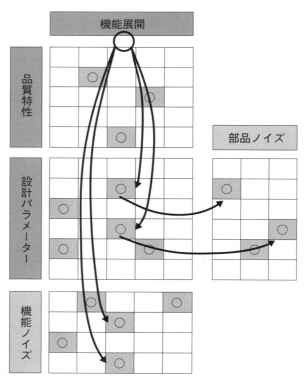

図 4.15　パラメーター設計用情報抽出フロー

(4) パラメーター設計対応の具体的事例

2.7節で示した「給紙搬送システム」を用いて、具体的事例で説明する。

図4.16に、「給紙搬送システム」における、機能展開 – 設計パラメーター二元表（③）、および、機能展開 – 機能ノイズ二元表（⑦）、設計パラメーター – 部品ノイズ二元表（⑩）を示してある。図の中で、点線で囲ってあるのが、それぞれのノイズに関する外側二元表である。

機能に関する機能ノイズとしては、前に示したように、環境条件としての温湿度、用紙の種類や物性、画像の有無などがある。設計パラメーターにかかわる部品ノイズとしては、初期的な寸法や物性のばらつきの他に、環境条件による物性値の変化、耐久による物性値の変化などがある。具体的には、ゴムローラであれば、径などの寸法の変化、ヤング率などの物性の変化があり、センサーであれば、耐久による感度変化などを挙げることができる。

品質工学のパラメーター設計を用いて安定化させたい機能として、図4.16の機能展開の中の「用紙をさばき部に送り出す」という機能を考える。その機能は、2つの下位機能：「用紙に搬送力を与える」、「用紙先端をフィードローラ部に移動させる」から成り立っている。

図4.16の二元表群を用いて、着目機能（2つの下位機能）に関係する部品を抽出する。同時に、着目機能に関係する機能ノイズを抽出する。そして、抽出した設計パラメーター（部品）に関係する部品ノイズも抽出する。それらの全体を一覧表の形で示したワークシートが表4.4である。

着目機能に関係する設計パラメーター（部品）、および関連するノイズをすべて一覧表の形で抽出し、表示できている。着目機能を安定化させるためのパラメーター設計を行うときの制御因子は、抽出した設計パラメーター（部品）の中から選択する。また、そのときに用いるノイズは、抽出した機能ノイズ、あるいは部品ノイズから選択する。その選択にあたっては、品質工学の有識者との議論を行うことが多いが、そのときに、関連情報をすべて整理して示しているので、的を絞った議論を行うことが可能になる。その結果、効率よく、的確な

98 第4章 QFD-Advancedの設計検討における各種手法への適用

図4.16 ノイズに関する外側二元表の具体的事例((7)・(10))

表 4.4 パラメーター設計・実験計画の立案支援ワークシート事例

機能	設計パラメーター/ノイズ①			選択の有無	上位ノイズ② 内側	ノイズ② 項目名	ノイズ② 内側 選択の有無
用紙に搬送力を与える	給紙部	ピックアップローラ	ゴム硬度		初期	物性ばらつき	
					耐久	物性変化	○
					環境（温湿度など）	物性変化	
			表面粗さ	○	初期	物性ばらつき	
					耐久	物性変化	○
			ゴム厚	○	初期	寸法ばらつき	
					耐久	寸法変化	
		用紙押し上げ板	本数				
			軸方向の位置				
			押し上げ圧	○	初期	寸法ばらつき	
					耐久	寸法変化	○
					環境（温湿度など）	寸法変化	
	ノイズ	環境	温度				
		用紙	表面平滑性	○			
			サイズ	○			
用紙先端をフィードローラ位置に移動させる	給紙部	ピックアップローラ	ゴム硬度		初期	物性ばらつき	○
					耐久	物性変化	○
					環境（温湿度など）	物性変化	
			表面粗さ	○	初期	物性ばらつき	
					耐久	物性変化	○
			ゴム厚	○	初期	寸法ばらつき	
					耐久	寸法変化	
		用紙押し上げ板	回転時間				
			本数				
			軸方向の位置				
			押し上げ圧	○	初期	寸法ばらつき	
					耐久	寸法変化	○
					環境（温湿度など）	寸法変化	
	ノイズ	環境	湿度				
		用紙	剛性	○			
			サイズ				

パラメーター設計の実験計画を立案できる。

　機能性評価においては、対象機能の安定性をベンチマークと比較して評価するのであるから、必要な情報は、対象機能に関係している機能ノイズである。対象機能から関係する機能ノイズを抽出することが、表 4.4 を用いて容易にできる。

4.4　問題分析(FTA)への適用

(1) FTA の概要と課題

　FTA(Fault Tree Analysis：故障の木分析)は、故障、あるいは品質問題から出発して、なぜその問題が発生したか、どうすればその問題を発生させることができるかを分析する方法である。その分析結果は、**図 4.17** のように、ツリー状(階層構造)に整理して表現される。

　FTA にも、課題が 2 つある。図 4.17 で示す形のように分析するために、現象の観察と知見者との議論を行う。そのときに、ある問題現象に着目し過ぎる

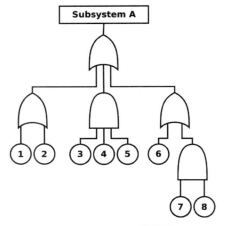

図 4.17　FTA の説明図

と、他の現象や要因の考慮がおろそかになり、その結果、問題現象や要因を見落とす場合がある。それが1つ目の課題である。

また、要因を考えるとき、その要因は担当者や知見者の知識と経験の範囲に限られてしまう。実際にはもっと他のところに要因があるかも知れないが、担当者や知見者がそれに気がつかなければ、その要因を考慮することができない。それが2つ目の課題である。

QFDは、1.1節の定義で示したように、新製品にかかわる情報を、二元表を用いて因果関係をもとに整理していく方法である。そのため、その因果関係を逆にたどることで、品質問題の原因分析にも適用できる。そうすることで、上で述べたFTAを行うことと同じことをしているといえる。

あらかじめさまざまな情報をもとに整理しておいた二元表を用いることで、品質問題に関係する可能性がある要因すべてを抽出することができる。その結果、ある問題に着目しすぎたり、FTAを行う担当者や知見者の知識と経験の範囲に分析が限られたりすることはなくなる。先に述べた2つの課題に対応できていることになる。詳細は、次節以降に具体的事例で説明をする。

(2) システムの品質問題分析への活用と具体的事例

QFD-Advancedを活用した、システムを対象とした品質問題の原因分析の方法に関して、**図4.18**の品質-機能-設計パラメーター-ノイズの二元表群をもとに説明する。図4.18の二元表の中のブロック矢印は、影響を与える側（原因側）を起点に影響を受ける側（結果側）を終点に示している。問題分析は、この矢印を逆にたどることで行う。これらの二元表群は、図2.2の二元表のネットワークの中の、②、③、⑦、⑩の二元表である。

ある品質問題が発生したとする。品質特性-機能展開二元表から、その品質問題が発生する可能性がある機能を抽出して一覧できる。その抽出した機能の中の、ある着目機能が変化したためとすると、その変化の原因になる設計パラメーター（部品）、および、機能に影響を与える機能ノイズを、機能展開-設計パラメーター二元表、機能展開-機能ノイズ二元表を用いて抽出し示すことが

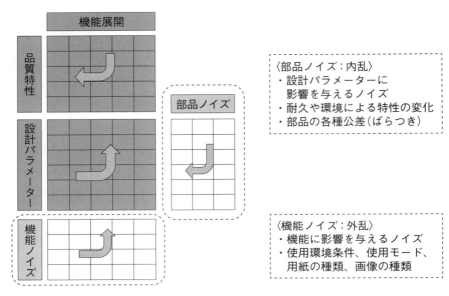

図 4.18　品質問題分析で用いる二元表群

できる。さらに、そこで抽出した設計パラメーター（部品）が原因であるとすると、それに対して影響を与える部品ノイズを設計パラメーター－部品ノイズ二元表を用いて抽出することができる。その抽出フローを、**図 4.19** に示す。

抽出された情報を一覧表で表示すると、**表 4.5** のようになる。階層構造をしていることがわかる。すなわち、FTA と同様のことをしているということである。

図 2.12 の給紙搬送システムを用いて、具体的事例の説明を行う。品質問題として、給紙搬送システムの基本性能のひとつである、紙送りそのものに障害が出る、いわゆる「紙詰まり問題」を取り上げる。別の言い方では、「紙のジャム」とも表現される現象である。品質特性－機能展開二元表（**図 4.20**、図 2.11 を再掲）と、4.3 節の品質工学との連携の事例と同じ二元表（**図 4.21**、図 4.16 を再掲）を用いる。

「紙搬送性能の低下」という品質問題について、より詳細には、「紙詰まりに

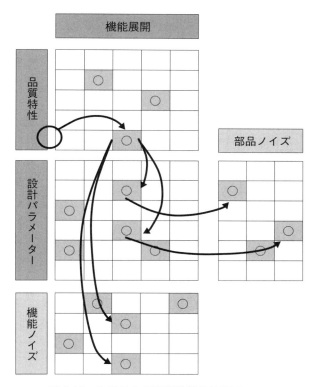

図 4.19　システムの問題分析の抽出フロー

対応した後、徐々に用紙搬送能力が低下する」、そして、その結果として「紙詰まり(ジャム)の頻度が増加する」という問題とする。図 4.20 の品質特性 − 機能展開二元表によれば、上記の品質にかかわる機能項目は数多くある。図 4.20 において丸で示したとおりである。その機能にかかわる設計パラメーター(部品)、機能ノイズ、そして、設計パラメーター(部品)にかかわる部品ノイズを、図 4.21 の中の機能展開 − 設計パラメーター(部品) 二元表、機能展開 − 機能ノイズ二元表、設計パラメーター(部品) − 部品ノイズ二元表を用いて抽出し一覧表にしたうえで、わかりやすくするために、「用紙をローラ対で挟みこむ」という機能部分のみを取り出したのが、**表 4.6** である。

表 4.5　システムの問題分析用ワークシート

品質問題項目	関連機能	関連設計 P & ノイズ①	ノイズ②
Q1	機能 F1	部品 A － α	環境
			公差
		部品 A － β	耐久
			環境
		環境など	
	機能 F2	部品 B － α	公差
		部品 C － γ	公差
	機能 F3	部品 D － α	耐久
			環境
		動作モードなど	

　表 4.6 が、品質問題を起点とした階層構造（ツリー構造）になっていることが理解できる。この一覧表をもとに検討することで、品質問題の原因の分析を、漏れなく、かつ効率的に行い、それに対する適切な検討計画を立案できる。

(3) 部品品質問題分析への活用と具体的事例

　品質問題の原因分析は、部品品質問題対応として、原材料／製造工程間影響二元表(⑬)、原材料／製造工程－故障モード二元表(⑮)を用いて行うこともできる。その内容を、具体的事例によって説明する。

　事例としては、これまでの説明と同様、給紙搬送システムで用いられているゴムローラを取り上げる。用いる二元表は、ゴムローラの部品－原材料／製造工程二元表（図 3.6）、原材料／製造工程間影響二元表（図 3.14）、原材料／製造工程－故障モード二元表（図 3.7）の 3 つである。

　ゴムローラの部品品質において問題が発生した品質項目が、形状仕様のひとつである「表面粗さ」であるとする。それを起点にした問題分析のフローを**図 4.22** に示す。

　ゴムローラの品質項目として「表面粗さ」に問題が発生したとする。部品－

4.4 問題分析(FTA)への適用　105

【二元表品質特性－機能展開二元表】	用紙を収納する		用紙の有無を検出する		用紙をさばき部に送り出す		用紙をさばいて1枚のみを送り出す				用紙先端を合わせる				
	用紙の幅方向の位置を決める	用紙の後端の位置を決める	用紙部に光を照射する	光を検出する(透過あるいは反射)	用紙先端に搬送力を与える	用紙先端をフィードローラ位置に移動させる	用紙をローラ対で挟み込む	1枚目の用紙に搬送力を与える	1枚目の用紙をイジングローラ部まで送る	2枚目の用紙に戻り力を与える	2枚目の用紙位置を検出する	タイミングローラを停止する	用紙先端をタイミングソフトローラに接触させる	タイミングローラを回転開始する	タイミングローラで用紙を送り出す
給紙信頼性　ジャム率	○	○	○	○	○	○	○	○	○	○	○	○	○	○	○
重送率						○	○	○	○	○	○			○	○
生産性	○				○										
出力品質　　角折れ	○														
紙しわ	○														
傷					○		○						○		○
積載性	○														
中折れ															
画像精度品質　曲がり	○				○			○				○		○	○
片寄り	○				○			○						○	○
環境社会性品質　操作安全性															
操作力量	○														
動作音					○							○			○

図 4.20　対象システムの品質特性－機能展開二元表（図 2.11 を再掲）

第 4 章　QFD-Advanced の設計検討における各種手法への適用

図 4.21　ノイズに関する外側二元表の具体的事例（図 4.16 を再掲）

表 4.6　品質問題分析用ワークシートの事例（抜粋）

品質問題	上位品質	関係する品質	上位分類	分析対象の機能	部品	分析対象の部品および機能ノイズ	上位分類		分析対象の部品ノイズ
紙詰まり後、徐々に用紙搬送能力が低下する	給紙信頼性	JAM率	用紙をさばいて1枚のみを送り出す	用紙をローラ対で挟み込む	フィードローラ	ゴム硬度	内部ノイズ	初期	物性ばらつき
								耐久	物性変化
								環境（温湿度など）	物性変化
						表面粗さ	内部ノイズ	初期	物性ばらつき
								耐久	物性変化
						ゴム厚	内部ノイズ	初期	物性ばらつき
								環境（温湿度など）	寸法変化
						本数			
						軸方向の位置	内部ノイズ	初期	寸法ばらつき
					リバースローラ	ゴム硬度	内部ノイズ	初期	物性ばらつき
								耐久	物性変化
								環境（温湿度など）	物性変化
						表面粗さ	内部ノイズ	初期	物性ばらつき
								耐久	物性変化
						ゴム厚	内部ノイズ	環境（温湿度など）	寸法変化
						押圧力	…	…	…
						本数	…	…	…
						軸方向の位置	…	…	…
					用紙	厚み	…	…	…
						サイズ	…	…	…

108 第4章 QFD-Advanced の設計検討における各種手法への適用

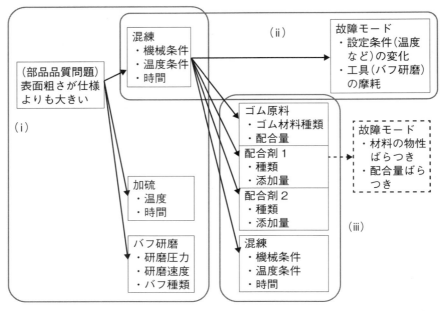

図 4.22 ゴムローラの部品品質問題分析フロー事例

　原材料／製造工程二元表から、可能性のある原因項目は、図 4.22 の左側の(i)に示すように、混練に関わる機械条件、温度条件、時間や、加硫の温度、時間、そして、バフ研磨の研磨圧力、研磨速度、バフ種類である。本事例では、それらの中で、混練に関する原因に関して、別の二元表を用いて分析をしていく。

　原材料／製造工程-故障モード二元表から、混練の条件に関する故障モードとして、設定条件（さまざまな機械条件や温度、時間など）の変化の可能性があることがわかる。それを図 4.22 では(ii)で示してある。

　また、原材料／製造工程間影響二元表から、混練の条件と関係があるのは、ゴム原料の種類や配合量、各種添加剤の種類や添加量であることを抽出できる。図 4.22 の(iii)の部分である。例えば、ゴム原料の配合量が変わっていると、混練の条件とのマッチングで混練の時間が不十分になり、結果としてゴム層の性質が変化して表面粗さが変化してしまったというようなことである。ゴム原

料の配合量は、部品−原材料／製造工程二元表を用いて直接的には表面粗さと関係があることを知ることができないが、原材料／製造工程間影響二元表を用いることで、抜け漏れなく可能性を抽出できている。

当然ながら、(ⅲ)で抽出した要因に対して、どのような故障モードがあるかを、原材料／製造工程−故障モード二元表(図3.8)を用いて検討できる。

第4章のまとめ

　開発設計段階において、設計の質を向上させるための手法として、品質表による顧客要求の適切な取り込み、技術課題に対応するためのアイデア発想法、システムとしての安定性を評価するための品質工学、問題分析のための FTA などがある。QFD-Advanced を活用することで、それらの手法を、適切に、効果的に用いることができることを、具体的事例を含めて詳しく説明した。

　QFD-Advanced では、本章で示したように、各手法の活用に対して、基本二元表の情報を共通情報として用いている。QFD-Advanced はその基本二元表の情報の活用を通して、各手法間の連携を支援している。

第5章

QFD-Advancedという方法論の位置づけ

　本章では、開発設計プロセスで用いられているさまざまな方法論と、QFD および QFD-Advanced との関係について解説する。関係性を議論する方法論としては、知識創造モデルである「SECI モデル」、開発の進め方のひとつである「機能で考える開発」、最近よく活用されている「MBD」を取り上げる。

　それぞれの方法論は、さまざまな目的や視点に応じて提案されたものである。それらの方法論と QFD-Advanced との関係を知ることで、QFD-Advanced をそれらの方法論と整合をとりつつ、的確に活用することができるようになる。

　最後に、QFD の将来像として提案されている「第 3 世代の QFD」と QFD-Advanced との関係について述べる。

112　第 5 章　QFD-Advanced という方法論の位置づけ

5.1　知識創造モデル（SECI モデル）との関係

（1）SECI モデルの概要

　開発という創造的活動を表すモデルとして、SECI モデルがよく知られている。野中郁次郎教授らが提唱したものであり、この理論（モデル）の中で、暗黙知と形式知という新しい知識変換の考え方を説明している。その知識変換のスパイラルが創造的活動を生み出すということである。

　具体的には、図 5.1 のように表現される。

　共同化プロセスでは、共体験などによって暗黙知を獲得し、組織内で伝達する。表出化プロセスでは、得られた暗黙知を共有できるように形式知に変換する。見える化するといってもよい。連結化プロセスでは、形式知同士を組み合わせて新たな形式知を創造する。その新たな形式知を、組織知と呼ぶこともできる。内面化プロセスでは、利用可能となった形式知をもとに実践を行い、その知識を体得し（暗黙知化し）、新たな暗黙知を得ることでこのスパイラルを回していく。

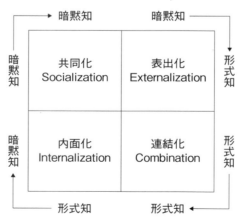

出典）　野中郁次郎・竹内弘高著、梅本勝博訳：『知識創造企業』、東洋経済新報社、p.93、図 3-2、1996 年

図 5.1　SECI モデルの概念図

このスパイラルを確実に回して創造的活動をするためのキーとなるプロセスは、内面化である。暗黙知を形式知にするのはそれほど難しくはないが、形式知（組織知）から暗黙知を得るには、その形式知（組織知）が暗黙知を生み出すことができるようになっていることが必要であり、その形式知（組織知）の質が問われるということである。

(2) SECI モデルと QFD との関係

SECI モデルと QFD、特にその中の品質表との関係については、**図5.2**に示すように、SECI モデルの各プロセスと、品質表の作成、あるいは活用のプロセスとを対応させた報告がある。

すなわち、表出化における暗黙知の形式知化が、市場情報などをもとにした品質表を作成するための情報を整理するプロセスに相当し、形式知を組織知に変換する連結化プロセスが、品質表の作成と設計品質や技術課題を抽出するプロセスに相当するとしている。技術課題や設計課題を抽出するプロセスでは、品質表を見ながら組織として議論を重ねて行うということである。

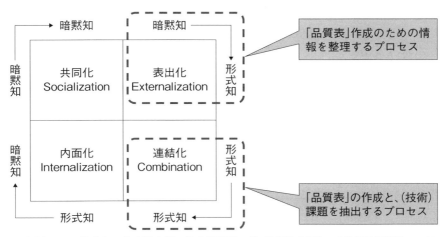

出典）野中郁次郎・竹内弘高著、梅本勝博訳：『知識創造企業』、東洋経済新報社、p.93、図 3-2、1996 年に加筆。

図 5.2　SECI モデルと QFD（品質表）の関係

(3) QFD-Advanced との関係

SECI モデルと QFD-Advanced との関係について説明を行う。**図 5.3** では、図 5.2 で示した SECI モデルと QFD（品質表）の関係も比較のために示してある。

従来の QFD（品質表）と QFD-Advanced が異なる部分は、2 つある。1 つ目は、情報の形式知化（見える化）のプロセスで、基本二元表だけでなく外側二元表を含めて情報を整理していることにより、情報の質と量が拡大しているということである。

2 つ目は、連結化プロセスにおける形式知の組織知化に関してである。QFD-Advanced では、2.3 節で示したワークシートを用いて、さまざまな目的に応じて適切に情報を抽出し表示できることから、その形式知（組織知）の質が高められている。形式知（組織知）の質が高いということは、内面化プロセスを実行するために重要である。QFD-Advanced は、SECI モデルの中の創造プ

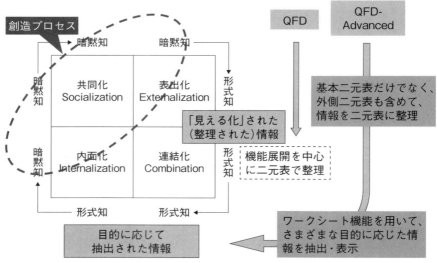

出典）野中郁次郎・竹内弘高著、梅本勝博訳：『知識創造企業』、東洋経済新報社、p.93、図 3-2、1996 年に加筆。

図 5.3　SECI モデルと QFD-Advanced の関係

ロセスである、内面化、共同化を支援しているといえる。

5.2 「機能で考える開発」との関係

(1)「機能で考える開発」の概要

　第1章で、「機能」という概念が、さまざまな手法で共通に用いられていることを示した。つまり。「機能」という概念を中心にして開発を進めることが、実際の開発活動を行ううえで重要であるということでもある。そうした開発のスタイルを「機能で考える開発」と位置づけ、多くの会社で推進されている。

　「機能で考える開発」を説明するにあたり、対比として「モノで考える開発」と「品質で考える開発」を取り上げる。それらとの対比によって、「機能で考える開発」の意味合いを明確にするためである。

(2)「機能で考える開発」と SECI モデルとの関係

　「モノで考える開発」の考え方においては、形を重視し、目的とする品質とモノや部品を直接的につないで検討を進める。この場合、モノの品質への影響の内容（いわゆるメカニズム）は、頭の中にのみあり、経験や勘などの暗黙知が中心である。SECI モデルとの関係で図示すると、**図 5.4** のようになる。情報として暗黙知のみで回っており、形式知化されないので、新しい暗黙知の形成につながらない。つまり、イノベーションや創造的開発が起こりにくいということである。

　「品質で考える開発」の考え方では、品質のみを重視し、品質しか見ない、品質評価の結果という形式知のみを重視するという進め方をする。したがって、なぜ品質がそのようになるのかという点をあまり考えない。SECI モデルとの関係を示すと**図 5.5** のようになる。形式知のみで回っており、暗黙知化されない。つまり、新たな暗黙知の獲得や伝達が起こらないので、創造プロセスが回らず、イノベーションや創造的開発にはつながらない。

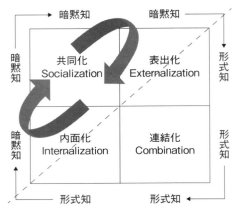

出典) 野中郁次郎・竹内弘高著、梅本勝博訳:『知識創造企業』、東洋経済新報社、p.93、図3-2、1996年に加筆。

図 5.4　モノで考える開発

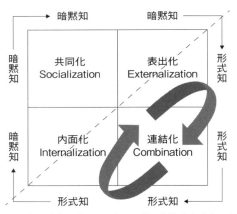

出典) 野中郁次郎・竹内弘高著、梅本勝博訳:『知識創造企業』、東洋経済新報社、p.93、図3-2、1996年に加筆。

図 5.5　品質で考える開発

もう1つ、別の観点ではあるが、「独りよがりの開発」という考え方もある。開発者・技術者は、考えたことを、見えるように、他のメンバーが見てわかるようにするべきであるが、それができないということである。そして、独りよ

がりで見える化した情報をもとに、またひとりで考えようとする。思い込みによる開発になる。その場合、結果として、そうした情報は組織で共有できず、相互啓発による発展性も期待できない。この形の SECI モデルとの関係を、同様に図 5.6 で示す。個人の暗黙知は形式知化されるが、連結化による組織知になることなく、また個人の暗黙知形成に使用されるというモデルである。

「機能で考える開発」は、これらの3つの形のどれでもないということになる。SECI モデルで示すと図 5.7 のようになる。

「機能で考える開発」では、表出化プロセスにおいて目標を検討し設定する。同時に、因果関係(つまり機能)で現状を整理する。これが最初の形式知になる。そのうえで、連結化プロセスにおいて、整理結果をもとに明確になった課題に対して検討すべき機能を抽出する。これが組織知になる。その機能課題を内面化、共同化と進む創造プロセスにおいて検討し、新しい知恵を出す。形式知を組織知にする最初のプロセス(連結化プロセス)で、因果関係(機能)で全体を整理した結果をもとに、機能で課題抽出を行うことで、創造プロセスを確実に回すことができるということである。

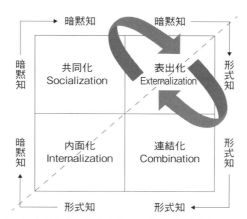

出典) 野中郁次郎・竹内弘高著、梅本勝博訳:『知識創造企業』、東洋経済新報社、p.93、図 3-2、1996 年に加筆。

図 5.6　独りよがりの開発

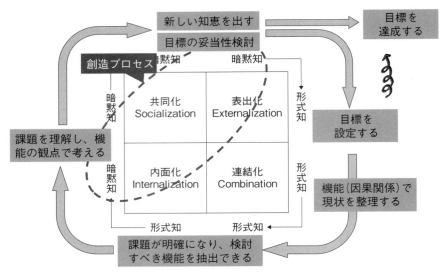

出典）野中郁次郎・竹内弘高著、梅本勝博訳：『知識創造企業』、東洋経済新報社、p.93、図 3-2、1996 年に加筆。

図 5.7　機能で考える開発

(3) QFD-Advanced との関係

QFD-Advanced との関係を考える。これまで述べてきたように、従来の QFD と QFD-Advanced の異なるところは、整理情報の質と量の拡大と、適切な情報の抽出と表示である。2 つ目の適切な情報の抽出と表示に対応する、連結化プロセスにおける形式知の組織知化における効果について説明する。QFD-Advanced では、2.3 節で示したワークシートを用いて、さまざまな目的に応じて適切に情報を抽出し表示できる。その結果として、形式知（組織知）の質の向上に寄与しているといえる。

上で述べたように、機能を中心に開発するということを進める場合に、最初の形式知から組織知にするプロセス（連結化プロセス）で、因果関係（機能）で全体を整理した結果をもとに、機能を中心に課題抽出を行う。その課題を検討することで、新たな暗黙知を形成する。この意味で、機能を中心に考えるプロセ

スにおいて、連結化による形式知化（組織知化）が重要である。その重要なプロセスで QFD-Advanced を活用することによって、連結化プロセスを適切に行うことができる。QFD-Advanced は、「機能で考える開発」の実行を支援しているといえる。

5.3　MBD との関係

(1) MBD の概要

　MBD (Model Based Development) では、機能を 1D (1 次元) モデルで表現し、実物を用いることなくシミュレーションを活用してシステムの開発を進める。そのためには、1D モデルでは、着目している機能の働きの対象である物理特性（PP、その機能にあるものの属性）に関して、モデル式を用いて、その機能の中での変化を表現しようとする。機能ブロック図（機能フロー図）と物理特性、モデル式との関係を示したものが**図 5.8** である。

　図 5.8 で、Fa、Fb と表現しているブロックは、それぞれ機能のことであり、機能ブロックという。そして、各機能ブロックを実際の現象に即して並べ、矢印などで機能ブロック間の関係性を示したものを機能ブロック図（あるいは、機能フロー図）と呼ぶ。

　物理特性としての具体的名称は、3.2 節で紹介した電子写真技術での事例を用いて示してある。各機能において、そこにある物理特性が変化をするか、あるいは変化しない。その変化の状況を式で示したものが 1D モデルの式である。式の中には、その機能を通る物理特性や、その機能でのさまざまな制御因子が入ってくることになる。

　MBD を行うにあたって、最初に、一番重要な物理特性に着目して 1D モデル式を作成して検討を行うことになる。図 5.8 では、PP ①に関する式がそれに相当する。電子写真技術であれば、画像に直接かかわる着色剤の濃度や位置がそれにあたる。それらを機能の流れに従ってつなぎ合わせることで、重要な

(機能ブロック図)

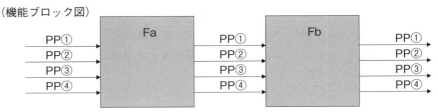

PP：物理特性（Physical Property）⇒機能間を流れる、その機能に存在するモノの特性
　（例）電子写真技術：トナーの帯電量、付着量、感光体の膜厚、電位、表面状態　など

(機能での「1D モデル」)

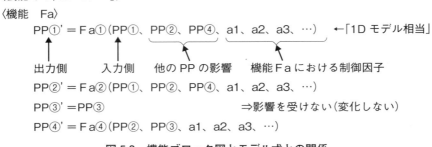

図 5.8　機能ブロック図とモデル式との関係

物理特性に関するシミュレーションが可能になる。

　実際のシステムでは、それぞれの機能において、対象（1D モデル式の対象）とした物理特性以外の物理特性も変化する可能性がある。その変化が、下流側の他の機能で、対象（1D モデル式の対象）でない物理特性に対して影響を与える可能性がある。そして、その影響によって品質問題が発生する可能性がある、ということである。

(2) QFD-Advanced との関係

　3.2 節で詳しく説明したように、システム全体に対して、このような機能間の影響を見える化する外側二元表を作成することができる。また、ワークシートを用いて、その外側二元表と基本二元表をもとに、機能間の影響を抽出して表示することもできる。その結果をもとに、全体最適を目指して検討を行うと

いうことになる。

　MBD を活用することで、1D モデルによる現象の理解や機能に着目した考え方をもとにした開発を行うことができる。しかし、全体最適化のためには、上述のように機能間影響を考慮することが必要である。QFD-Advanced を活用することでそれが可能になる。

5.4　「第 3 世代の QFD」との関係

(1)「第 3 世代の QFD」の概要

　QFD の将来像という観点では、「第 3 世代の QFD」という考え方が提案されている。そこでは、各世代の QFD の概要を、QFD の発展経緯をもとに下記としている（永井一志・大藤正編著：『第 3 世代の QFD』、日科技連出版社、2008 年）。

　　第 1 世代：製造品質を設計品質に合致させるために、管理項目をどのように設定するかを重視する QFD

　　第 2 世代：「品質表」を中心に、新製品の開発段階から品質保証までのあり方を対象とする QFD

　　第 3 世代：利用する目的および製品の開発プロセスをもとに、7 つに分類した進め方で QFD を使い分ける

　本書で「従来の QFD」と表現してきたのは、第 2 世代の QFD に相当する。

　7 つのカテゴリーと対応する QFD は、下記である（永井一志・大藤正編著：『第 3 世代の QFD』、日科技連出版社、2008 年）。

　(ⅰ)　品質保証のための QFD（Quality Assurance-QFD：QA-QFD）
　(ⅱ)　業務革新のための QFD（Job Function-QFD：Job-QFD）
　(ⅲ)　問題解決のための QFD（Taguchi method and TRIZ-QFD：TT-QFD）
　(ⅳ)　統計的方法と融合した QFD（Statistical-QFD：Stat-QFD）
　(ⅴ)　新製品開発のための QFD（Blue-Ocean Strategy-QFD：Bos-QFD）

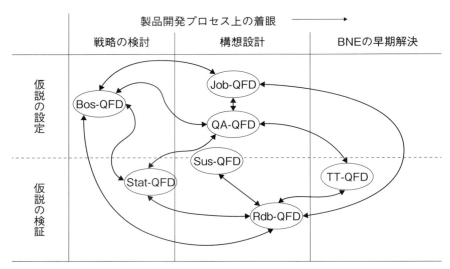

出典) 永井一志・大藤正編著：『第3世代の QFD』、日科技連出版社、図表 9.1、2008 年
図 5.9　第 3 世代の QFD の位置づけマップ

(vi) データベースとしての QFD（Real-time Database-QFD：Rdb-QFD）
(vii) 持続可能な成長のための QFD（Sustainable Growth-QFD：Sus-QFD）

また、7 つの QFD のそれぞれの関係が、縦軸に「仮説の設定と検証」、横軸に「製品開発プロセス上の着眼」をとって、各 QFD の目的の観点で分類して図 5.9 のように示されている。図 5.9 から、これらが互いに関係し合っているということがわかる。

(2) QFD-Advanced との関係

第 2 章で述べてきたように、QFD-Advanced では、従来の QFD における課題への対応として、次の 4 つの考え方を挙げている。
- IT の徹底的活用
- 二元表のネットワーク（基本二元表＋外側二元表）
- いもづる式の情報抽出ワークシート

5.4 「第3世代の QFD」との関係

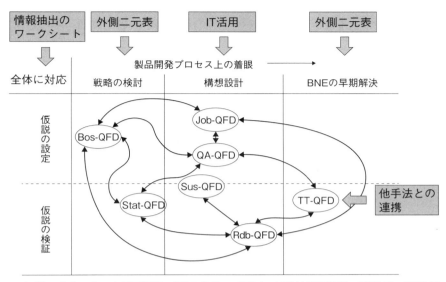

出典) 永井一志・大藤正編著:『第3世代の QFD』、日科技連出版社、図表9.1、2008年に加筆。

図 5.10　第3世代の QFD と QFD-Advanced の関係

• 他手法との連携

これらの考え方を、上記の第3世代の QFD のマップに対応する形で図 5.10 に示した。

QFD-Advanced による QFD の課題への対応の考え方によって、第3世代の QFD の各活用を具体的に支援できていることが理解できる。つまり、QFD-Advanced の考え方の中の「外側二元表」、「ワークシート」などは、第3世代の QFD を用いてそれぞれの目的を達成するための手段であるともいえる。

第5章のまとめ

　開発設計プロセスで用いられるさまざまな方法論や考え方(SECI モデル、機能で考える開発、MBD)と QFD-Advanced との関係について説明した。その中で、どの方法論や考え方とも整合がとれていることを明らかにした。また、QFD の将来像として提案されている「第3世代の QFD」との関係も紹介した。

第6章
QFD-Advanced に対応した IT システム：iQUAVIS

　本章では、QFD-Advanced という方法論にもとづいて情報の整理や各手法との連携を行うための IT システムである「iQUAVIS（アイクアビス）」に関して説明する。

　まず、QFD-Advanced の考え方を実現する IT システムにとって必要な要件を整理する。続いて、その要件を満たす IT システムである iQUAVIS の概要を紹介する。そのうえで、iQUAVIS を用いた各手法での具体的な活用方法の説明を行う。

6.1 QFD-Advanced 対応の IT システムに求められる要件

表 1.2(p.10) に、現状の QFD の課題と QFD-Advanced での考え方を示し、その中で、各課題に対する QFD-Advanced での対応として、下記を挙げている。
- IT を徹底的に活用する
- 二元表のネットワークを作成する、二元表の関係性に情報を紐づける
- 情報の抽出と表示を確実に行う仕組み(ワークシート)を構築する
- QFD と他の手法との連携をするための仕組みを構築する

これらを実現するための IT システムにとって必要なことを、**表 6.1** に示す。表 6.1 には、比較として、Excel での対応可能性も示してある。

QFD-Advanced で目指すところを実現するには、表 6.1 で示す機能をすべてもつ IT システムが必要である。6.2 節以降で、上記機能をもつ「iQUAVIS」という IT システムの概要と詳細を紹介していく。

6.2 iQUAVIS とは

(1) iQUAVIS の開発背景と取組み

日本の製造業はこれまで、匠やベテランが支える現場力や確かな技術力に裏

表 6.1 QFD-Advanced と IT システム

IT システムに必要なこと		Excel	IT システム(iQUAVIS)
一つの二元表の表現	適度な大きさ	○	○
	大規模(例:100 × 100 以上)	△	○
複数の二元表の表現	基本二元表	△	○
	3 つ以上のつながった二元表	−	○
二元表の関係性への情報付加		−	○
必要情報に焦点を当てた情報抽出と更新(複数の二元表)		−	○

づけられた優れたものづくり品質などを背景に、長らく世界の製造業をけん引してきた。しかしながら、昨今の日本のものづくり企業を取り巻く環境は、これまでにないほど複雑なものとなっている。最新テクノロジーが次々に世に現れ、長年磨き上げてきた技術がコモディティ化しつつある一方、消費者の趣味嗜好が多様化し、製品を市場投入するまでに要求されるリードタイムはますます短くなっている。企業は革新的な製品を生み出すことを至上命題と位置づけられながらも、それを作り出すためのコストと納期を遵守しつつ、最高の品質を達成することを求められている。

製造業が抱えるこうした困りごとの解決に挑戦しているのが、㈱電通国際情報サービスが企画・開発しているITシステム「iQUAVIS（アイクアビス）」である。その名称はQuality（品質）をVisualization（見える化）することに由来している。図6.1にiQUAVISの開発の歴史を示す。iQUAVISは「開発の見える化システム」として日本国内の製造業各社との協業を通じて生まれ、進化してきた。2006年に根拠のある計画立案と先手のマネジメントを実現するものとして「業務（日程）の見える化」機能をリリースしたことを皮切りに、技術

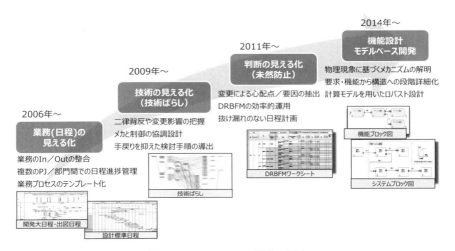

図6.1 iQUAVISの開発の歴史

の成り立ちを明らかにすることで、検討経緯・影響連鎖を可視化する「技術の見える化」機能や、抜け漏れのない技術課題抽出と意思決定を支援することを目指した「判断の見える化」機能を開発した。そして 2014 年からは、世界のものづくり設計の重要な潮流のひとつである MBD（Model Based Development）やシステムズエンジニアリング領域の支援に取り組んでいる。

iQUAVIS は、誕生のきっかけとなった自動車業界ではすべての完成車メーカーで活用されており、最近では加工型製造業を中心に、電機、精密機器、航空宇宙、重工などの幅広い業界で導入されている。

(2) iQUAVIS が実現する 3 つの「見える化」

iQUAVIS がユーザーに提供する機能は 3 つの「見える化」として大別できる（図 6.2）。その活用シーンは実にさまざまであるが、ここでは代表的な流れに沿って紹介する。

1）技術の「見える化」

設計者の思考を見える化し、要求達成のための理想的な機能や物理的な実現手段を検討する。

- 技術ばらしによって、製品全体の技術の成り立ちを明らかにする
  - 技術ばらしとは、製品に求められる要求・機能と、その実現手段である

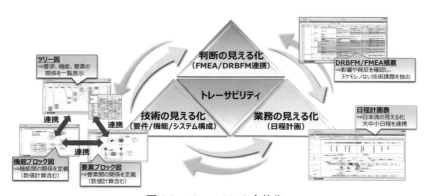

図 6.2　iQUAVIS の全体像

部品の関係や働きを整理し、技術の成り立ちを明らかにする手法である。iQUAVIS は、ツリーや二元表といった表現により、ユーザーは達成すべき要求を分解し、機能や部品との関係性を具体化・詳細化することができる。これにより、暗黙知となっていた技術の成り立ちが形式知化され、複雑に絡み合う要求・機能と部品の背反関係や影響把握ができる。

- 要求を実現する理想的な機能を検討する
    - ➢製品開発においてブレークスルー目標を達成するには、モノありきの設計ではなく、原理・原則をもとに機能間の理想的なエネルギーの流れや機能水準を明らかにすることが重要となる。iQUAVIS は、機能ブロック図によって機能や機能間のエネルギーの流れを視覚的・定量的に検討することができる。
- 機能を実現する物理的な手段を検討する
    - ➢機能の具体的な実現方式を検討するには、部品間の相互作用を明らかにすることが重要となる。iQUAVIS は、要素ブロック図によって部品間の状態量や物理的な結合関係を視覚的・定量的に表現することで、ユーザーは最適な設計パラメーターを検討することができる。

2) 業務の「見える化」

技術シナリオやリソースにもとづく根拠ある実行計画立案を支援し、日々変化する業務において、遅延の兆しに気づき、早期の対策を実現する。

- 技術シナリオやリソースに基づく根拠ある計画を立案する
    - ➢iQUAVIS は、作業間の IN／OUT や完了基準を明確にし、リソース負荷状況を考慮した、納期に向けてやりきれる計画立案を可能にする。さらに技術的な検討内容をもとに、摺り合せが必要となる作業を明らかにし、作業の優先度を決定することで、ユーザーに手戻りの少ない作業手順を示唆することができる。
- 遅延の影響を見極め、早期に対策を立てる
    - ➢製品開発においては、現場の状況が見えずに致命的な遅れに発展してしまうことが少なくない。iQUAVIS は、各チームが立てた業務計画を連

携させることで、計画変更や作業遅延による影響が可視化できる。これにより、開発プロジェクトメンバーは重要なマイルストーンや後工程への影響、遅延の兆しにいち早く気づくことができ、遅延が拡大する前に対策を打つことができる。

- 役割に応じて、知るべき情報をすばやく取得する
  - ➢ iQUAVIS は、見るべき情報の粒度や観点を役割に応じて柔軟に切り替えることができる。例えば、部門長は複数製品を横断した節目の通過状況やリソース負荷状況を、開発リーダーは担当製品の進捗や遅れの兆候を、そして担当者は作業を進めるうえで必要な過去成果物や参考情報をすばやく入手することができる。

3）判断の「見える化」

変更による影響連鎖を可視化することで、課題を抜け漏れなく洗い出し、適切な対策を打つための意思決定を促進する。

- 抜け漏れのない未然防止活動を実現する
  - ➢ iQUAVIS は、技術ばらし情報をインプットとすることで、変更点からの影響把握がしやすくなり、抜け漏れのない技術課題の抽出ができる。また、なぜその設計にしたのかといった検討経緯と結果が残るため、ユーザーに適切な判断を促すことができる。その際、ワークシートという帳票画面を用いることで、より効果的なレビューを実施することができる。

（3）システムとしての iQUAVIS の特徴

ここまでの説明の中で触れているが、iQUAVIS はシステムとしてさまざまな画面表現を有している。例えば、二元表(マトリクス)やフロー図(ブロック図)といったエンジニアに馴染み深い表現方法や、アイデアを発想・構造化しやすいツリー画面などに加え、入力した情報を帳票のような一覧形式で表示することもできる(図 6.3)。

また、iQUAVIS のデータはすべてサーバーのデータベースに蓄積されてい

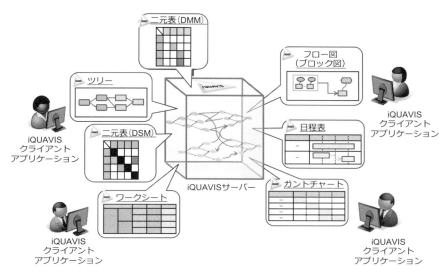

図 6.3　iQUAVIS のシステムイメージ

る。各ユーザーはクライアント端末からアクセスして情報を入力・更新するが、情報は一元管理されており、表示画面を切り替えてもデータは裏でつながっているため、ユーザーは自由な見方で多方面から検討を進めることができる。

　QFD-Advanced においては、知見整理の基本となる「ツリー」や「二元表（DMM：Domain Mapping Matrix、DSM：Design Structure Matrix）」、知見活用時の帳票表現である「ワークシート」などの表現が有用である。図 2.2 の二元表の全体像のように、情報連携の枠組みを事前に定義することで、さまざまな目的に対応した知見活用が可能となる。

6.3　具体的な活用事例

　各手法で知見を活用するためには、事前に知見を整理する必要がある。例えば、項目の抽出や整理には「ツリー」が有用である。図 6.4 の「ツリー」では、左側に機能を階層化、右側に部品／設計パラメーターを階層化し、関係性を線

132　第 6 章　QFD-Advanced に対応した IT システム：iQUAVIS

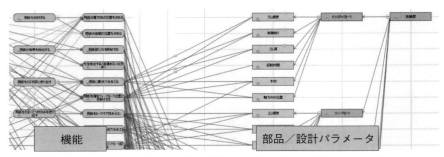

図 6.4　ツリーの表現例（左側：機能、右側：部品、設計パラメーター）

でつないでいる。このように、「ツリー」ではデータのグルーピングや階層化、データ間の関係性を整理することができるため、着目点からの影響範囲の把握などに用いることができる。

　大規模データの場合にデータ間の関係性をつなぐ際には、「二元表（DMM）」を用いることが有用である。図 6.5 の「二元表（DMM）」は上側の軸に機能、左側の軸に部品／設計パラメーターとした二元表形式で、関係性のある交点を数字の「9」で表現している（関係性の強さを 1 〜 9 の数字で表現）。一覧性に優れる表現であるため効率的に関連づけができる。

　整理した情報を抽出し活用する際には、帳票表現である「ワークシート」が有用である。図 6.6 は部品／設計パラメーターの一覧とその属性情報を表現している。整理した情報を抽出、さらにはその帳票上でさらなる情報整理をすることができるため、知見を蓄積し続ける帳票として実務で活用することができる。

　このように、iQUAVIS にはさまざまな機能があるが、以下では本書で紹介した基本／外側二元表・いもづる式ワークシートの使い方に絞って、さまざまな設計プロセスに iQUAVIS を活用した事例を解説する。

事例 1：設計検討

　本事例は、製品開発の中で代表的な検討経緯を残すための仕組みを具体化したものである。一連の検討プロセスを通じて、品質目標達成に向けた技術者の

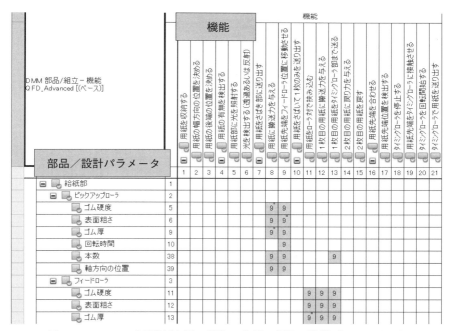

図 6.5　DMM の表現例（上側：機能、左側：部品・設計パラメーター）

図 6.6　ワークシートの表現例（部品、設計パラメーターの名称とその属性情報）

意図をアウトプットに残すことができる。

　ここでは、目標とする品質特性、その実現に向けて検討対象とする機能、機能要件を達成するための設計パラメーターをそれぞれ検討し、その検討プロセ

スごとに帳票(ワークシート)を準備し、経緯を残していく。設計検討では、図2.2の②、③に示す基本二元表の情報を活用し、以下4つの検討プロセスで進める。各検討プロセスでは、それぞれ事前に知見整理した情報と前のプロセスで検討した結果をインプットとして、検討結果を入力し、その経緯を明らかにしていく。

1) 品質特性の整理

図6.7は品質特性に関する検討経緯を残すための帳票である。その帳票に表現される情報の対応を図6.8に示す。

事前に整理した品質特性の情報の一覧表示(i)をインプットとして、開発機種の中で着目する品質特性の項目に関し、「重要度」(ii)と「目標値等」(iii)を検討し、その結果を入力していく。「重要度」は重要なものから順にS、A、B、Cの4段階で評価した結果を選択し、「目標値等」では、目標値や品質特性選定に至った経緯などを入力する。

iQUAVISでは、品質特性のような二元表の項目の補足情報として経緯を登録することができる。ここでは品質特性の補足情報として、「重要度」や「目標値等」が対応している。

図6.7 品質特性の整理用帳票

6.3 具体的な活用事例

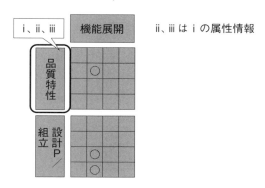

図 6.8　品質特性の整理用帳票と二元表との対応(②、③)

2) 検討対象機能の選定

図 6.9 は、検討対象とする機能に関する経緯を残すための帳票である。その帳票に表現される情報の対応を図 6.10 に示す。

1) で重要度を重要なものから順に S、A、B とした品質特性(i)と、その品質

上位品質特性	品質特性			上位機能	品質特性の目標達成に向け考慮すべき機能			
	名称	重要度	目標値等		項目名	検討対象	判断理由等
給紙信頼性	JAM率	S	連続印刷時のJAM発生が○%以下であること	用紙を収納する	用紙の後端の位置を決める		
				用紙の有無を検出する	用紙部に光を照射する		
					光を検出する(透過あるいは反射)		
				用紙をさばき部に送り出す	用紙に搬送力を与える		
					用紙先端をフィードローラ位置に移動させる		
				用紙をさばいて1枚のみを送り出す	用紙をローラ対で挟み込む		
					1枚目の用紙に搬送力を与える		
					1枚目の用紙をタイミングローラ部まで送る	○	■■のため
				用紙先端を合わせる	用紙先端位置を検出する		
					タイミングローラで用紙を送り出す		
出力品質	紙しわ	A	想定する紙の種類(厚さ、幅、表面粗さ等)で、印刷起因のしわの発生が○%以下であること	用紙を収納する	用紙の幅方向の位置を決める	○	△△のため
	i			ii		iii	iv

図 6.9　検討対象機能の選定用帳票

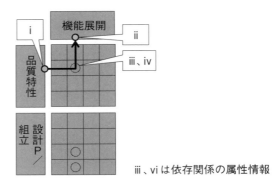

iii、vi は依存関係の属性情報

図6.10 検討対象機能の選定用帳票と二元表との対応（②、③）

品質特性			品質特性の目標達成に向け考慮すべき機能	上位部品		実現するために必要な部品／設計パラメータ				
項目名	重要度	目標値等	項目名	−	−	項目名	変更点	変更度合	変更内容／目標値	
JAM率	S.	連続印刷時のJAM発生が○％以下であること	1枚目の用紙をタイミングロー ラ部まで送る	部品	ピックアップローラ	本数				
						ゴム硬度				
				部品	フィードローラ	表面粗さ	変更点	S.	面粗さ(S)■μm	
						ゴム厚	変更点	A.	3→2mm	
						回転速度				
						本数				
						軸方向の位置				
				部品	用紙押し上げ板	押し上げ圧				
				部品	用紙ガイド（給紙〜タイミング）	位置				
						表面材料				
i			ii	iii			iv	v	vi	

図6.11 部品／設計パラメーターの設定用帳票

特性に関連した機能、および上位の機能の項目(ii)を検討時のインプットとしている。ここでは、注力する機能を「検討対象」で「○」(iii)として選択し、その判断理由や目標値などを「判断理由等」(iv)の列に入力する。

3）部品／設計パラメーターの設定

図6.11は、検討対象とする部品／設計パラメーターの経緯を残すための帳票である。その帳票に表現される情報の対応を図6.12に示す。

1)で重要度を S、A、B とした品質特性(i)、かつ2)で検討対象を○とした機

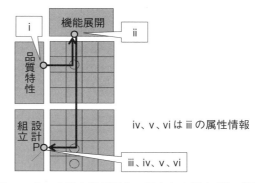

図 6.12　部品／設計パラメーターの設定用帳票と二元表との対応（②、③）

能(ii)、かつその機能に関連した部品／設計パラメーターの情報(iii)をインプットとしている。ここでは、品質特性の目標達成に向けて変更点とする設計パラメーターを「変更点」(iv)の列に「変更点」として選択し、変更度合(v)の列に変更の程度が大きなものから順に S、A、B、C の 4 段階で評価し、変更の内容やその目標値などの経緯の情報を「変更内容／目標値」(vi)の列に入力する。

4）変化点の検討

図 6.13 は、部品／設計パラメーターを変更することで影響を受ける他の部品／設計パラメーターを抽出するための帳票である。その帳票に表現される情報の対応を図 6.14 に示す。

この帳票では、3)で「変更点」とした部品／設計パラメーター(i)、その部品／設計パラメーターに関連した機能(ii)、さらにはその機能に関連した部品／設計パラメーターの情報(iii)をインプットとしている。変更点に対して、機能を介して、他の部品／設計パラメーターを抽出し、その影響を確認するというものである。影響を受け、変化点となりうる部品／設計パラメーターを「変化点の判断」(iv)の列で「変化点」とし、「変化度合」(v)の列に変化の程度の大きなものから順に S、A、B、C の 4 段階で評価し、変化の内容やその目標値などの経緯の情報を「変更／変化の内容」(vi)の列に入力していく。ここで、「変化点の判断」の列では、3)で検討した「変更点」に関する情報も表現されている。

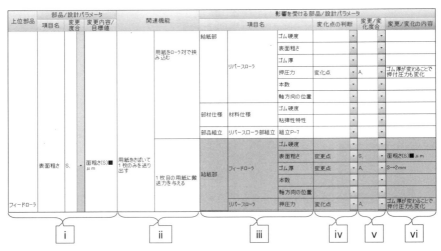

図 6.13　変化点の検討用帳票

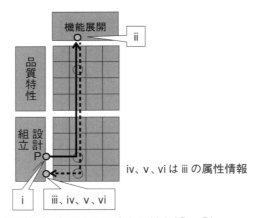

図 6.14　変化点の検討用帳票と二元表との対応（②、③）

事例 2：設計 FMEA

「FMEA」は、システムや工程の構成要素に起こりうる故障モードを事前に予測し、設計、計画上の問題を抽出し、事前対策の実施を通じてトラブル未然

防止を図る代表的な品質管理手法である。その基本的な考え方は第3章にて触れた。ここでは設計 FMEA で iQUAVIS を活用した事例について紹介する。

設計 FMEA では、システムの構成要素に焦点をあて、図 2.2 の基本二元表（②、③）および外側二元表（⑪）の情報を活用する。2つの帳票を用いて検討し、その検討結果を3つ目の帳票にまとめ、組織内議論時に活用することを想定する。

1） 検討対象機能の選定

図 6.15 は検討対象の機能を選定し、その経緯を残すための帳票である。その帳票に表現される情報の対応を図 6.16 に示す。

図 6.15 検討対象機能の選定用帳票

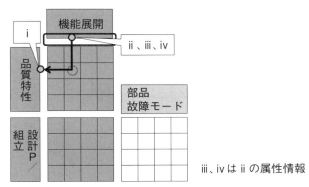

図 6.16 検討対象機能の選定用帳票と二元表との対応（②、③、⑪）

事前に整理した品質特性(i)、および機能(ii)の項目を一覧表示した情報をインプットとして、検討対象として着目する機能を検討対象「○」(iii)として選択、その理由を「選定理由」(iv)の列に入力する。

2) 設計 FMEA プロセスの検討

図 6.17 は、設計 FMEA のプロセスで活用することを想定した帳票である。着目する機能に関し、関連する部品の故障モード抽出やリスク評価、リスク項目への対策を検討していく。その帳票で表現される情報の対応を図 6.18 に示

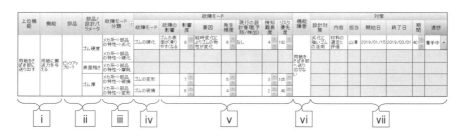

図 6.17　設計 FMEA プロセスの検討用帳票

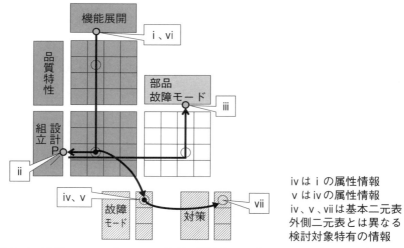

図 6.18　設計 FMEA プロセスの検討用帳票と二元表との対応(②、③、⑪)

す。

1)で検討対象「○」とした機能(i)と、その機能に関連した部品/設計パラメーター(ii)、さらにはその部品/設計パラメーターに関連した故障モード抽出の観点(iii)を検討時のインプットとしている。事前に故障モードを抽出する際の視点を整備し、その内容と部品/設計パラメーターの関連づけを行うことで、故障モード抽出時の観点の助けとすることができる。一般的な例は表 3.1 のように知られており、その情報を助けとして各社の役に立つ形にカスタマイズすることになる。

故障モード分類(iii)を参考として、故障モードの内容(iv)を入力、「故障の影響」、「要因」、「現行の設計管理(予防/検出)」の詳細な内容とその重みづけの検討結果(v)を入力していく。続いて部品/設計パラメーターに関連した故障モードの内容を参考として、着目する機能の要求が達成できない状態を検討し、「機能障害」(vi)に入力する。最終的に抽出した故障モードの中で、対策が必要と判断されたものについては、その対策内容(vii)を入力する。

3) 設計 FMEA プロセスの確認

図 6.19 は、設計 FMEA の検討結果を用いて社内レビューの場で議論する際に活用することを想定した帳票である。その帳票に表現される情報の対応を図 6.20 に示す。

この帳票は、2)で検討した結果を代表的な FMEA シートの表現形式に対し、列を並び替えて表現したものである。活用シーンに応じて見やすい表現順序とし、実務で活用していく。

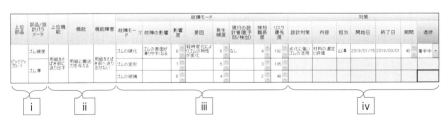

図 6.19 設計 FMEA プロセスの確認用帳票

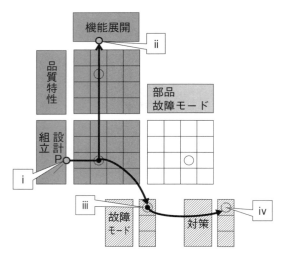

図 6.20 設計 FMEA プロセスの確認用帳票と二元表との対応（②、③、⑪）

事例 3：工程 FMEA

　事例 2 で紹介した設計 FMEA では、対象システムの機能に着目し、関連する部品／設計パラメーターに起こりうる故障モードを抽出した。本事例の工程 FMEA では、対象を製造工程として、設計 FMEA と同様の考え方で iQUAVIS を活用して検討を実施する。ここでは、部品／設計パラメーターに着目し、関連する原材料や製造工程条件に起こりうる故障モードを抽出する。

　工程 FMEA では図 2.2 の基本二元表（③、④）および外側二元表（⑮）の情報を活用する。2 つの帳票を用いて検討し、その検討結果を 3 つ目の帳票にまとめ、組織内議論時に活用することを想定する。

1）検討対象部品／設計パラメーターの選定

　図 6.21 は検討対象の部品／設計パラメーターを選定し、その経緯を残すための帳票である。その帳票に表現される情報の対応を図 6.22 に示す。

　事前に整理した機能(i)、およびその機能に関連した部品／設計パラメーター(ii)の項目を一覧表示した情報をインプットとして、検討対象として着目する部

6.3 具体的な活用事例

関連機能		部品・設計パラメータ			
		名称		検討対象	選定理由
用紙をさばき部に送り出す	用紙に搬送力を与える	形状仕様	直径		
用紙をさばいて1枚のみを送り出す	2枚目の用紙に戻り力を与える		円筒度		
用紙をさばき部に送り出す	用紙に搬送力を与える		真円度	○	安定的に搬送力を付与するのに寄与するため
用紙をさばいて1枚のみを送り出す	1枚目の用紙に搬送力を与える				
用紙をさばいて1枚のみを送り出す	1枚目の用紙に搬送力を与える		振れ		
用紙をさばき部に送り出す	用紙に搬送力を与える		表面粗さ	○	JAM率の改善に寄与するため
用紙先端を合わせる	タイミングローラで用紙を送り出す				
用紙をさばいて1枚のみを送り出す	1枚目の用紙に搬送力を与える	部材仕様	表面にノイズなきこと		
用紙をさばき部に送り出す	用紙に搬送力を与える				

　　　　ⅰ　　　　　　　　　　　　　　ⅱ　　　　　ⅲ　　　ⅳ

図 6.21　検討対象部品／設計パラメーターの選定用帳票

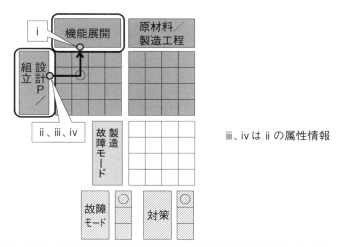

図 6.22　検討対象部品／設計パラメーターの選定用帳票と二元表との対応(③、④、⑮)

品／設計パラメーターを検討対象「○」(ⅲ)として選択し、その理由を「選定理由」(ⅳ)の列に入力する。

2）工程 FMEA プロセスの検討

図 6.23 は、工程 FMEA のプロセスで活用することを想定した帳票である。着目する部品／設計パラメーターに関し、関連する原材料や製造工程の故障

モード抽出やリスク評価、リスク項目への対策を検討していく。その帳票で表現される情報の対応を図 6.24 に示す。

1)で検討対象「○」とした部品／設計パラメーター(i)と、それに関連した原材料／製造工程(ii)、さらにはその原材料／製造工程に関連した故障モード抽出の観点(iii)を検討時のインプットとしている。事前に故障モードを抽出する際の視点を整備し、その内容と部品／設計パラメーターの関連づけを行うことで、故障モード抽出時の観点の助けとすることができる。故障モードの代表的な観点には、5M(Man：人、Machine：機械、Material：材料、Method：方法、

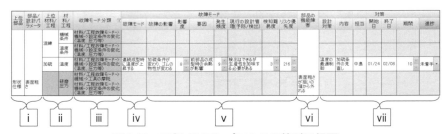

図 6.23　工程 FMEA プロセスの検討用帳票

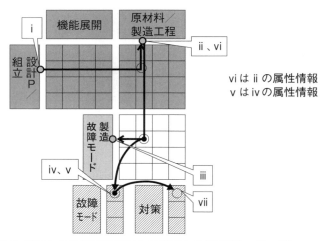

図 6.24　工程 FMEA プロセスの検討用帳票と二元表との対応(③、④、⑮)

Measurement：測定)や環境条件などが考えられ、自社に合った形で整理することになる。

故障モード分類(iii)を参考として、故障モードを検討し、その内容(iv)を入力、「故障の影響」、「要因」、「現行の設計管理(予防／検出)」の詳細な内容とその重みづけの検討結果(v)を入力していく。続いて部品／設計パラメーターに関連した故障モードの内容を参考として、部品／設計パラメーターの要求が達成できない状態を「部品の機能障害」(vi)に入力する。最終的に抽出した故障モードの中で、対策が必要と判断されたものについては、その内容(vii)を入力する。

3）工程 FMEA プロセスの確認

図 6.25 は、工程 FMEA の検討結果を用いて社内レビューの場で議論する際に活用することを想定した帳票である。その帳票に表現される情報の対応を図 6.26 に示す。

この帳票は、2)で検討した結果を代表的な工程 FMEA シートの表現形式に列を並び替えて表現したものである。活用シーンに応じて見やすい表現順序とし、実務で活用していく。

事例 4：DRBFM

「DRBFM」は、「FMEA」と「デザインレビュー」を組み合わせたトラブル未然防止を図る品質管理手法である。その基本的な考え方は第 3 章にて触れ

図 6.25　工程 FMEA プロセスの確認用帳票

146　第6章　QFD-Advanced に対応した IT システム：iQUAVIS

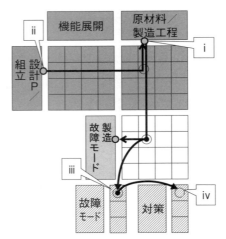

図 6.26　工程 FMEA プロセスの確認用帳票と二元表との対応（③、④、⑮）

た。ここでは、iQUAVIS で DRBFM の帳票を作成するプロセスの事例を紹介する。

「DRBFM」では図 2.2 の基本二元表（②、③）を活用する。4つの帳票を用いて検討し、4つ目の帳票でデザインレビューに活用することを想定している。

1）部品の変更の整理

図 6.27 は部品／パラメーターの変更点の検討経緯を残すための帳票である。その帳票に表現される情報の対応を図 6.28 に示す。

事前に整理した部品／パラメーター(i)の項目を一覧表示したものをインプットとして、着目する変更点を「変更点」(ii)として選択、変更させる程度が大きなものから順に S、A、B、C の4段階で「変更度合」(iii)を評価し、その内容を「変更内容」(iv)の列に入力する。(ii)で表記する情報は、事例1で検討した情報をそのまま活用することも可能であり、変更点に加えて変化点も考慮することで観点をより網羅した検討の実践へとつなげることができる。

2）機能への影響の確認

図 6.29 は、部品／設計パラメーターの変更点による機能への影響の内容を

部品/パラメータ			変更点	変更度合	変更内容
名称					
給紙部	フィードローラ	表面粗さ	変更点	S,	摩擦係数を上げて、確実に2枚目の用紙を戻す
		ゴム厚	変更点	A,	想定部品寿命の性能を担保する
		回転速度			
		本数			
		軸方向の位置			
	リバースローラ	ゴム硬度			
		表面粗さ			
		ゴム厚			
		押圧力	変化点	A,	適切な値までに小さくする

　　　　　　　　　　i　　　　　　　ii　　iii　　iv

図 6.27　部品の変更／変化点整理用帳票

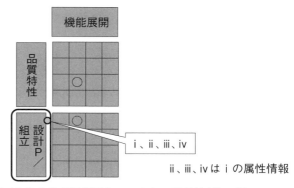

　　　　　　　　　　　　　　　i、ii、iii、iv

　　　　　　　　　　　　ii、iii、iv は i の属性情報

図 6.28　部品の変更／変化点整理用帳票と二元表との関係性(②、③)

検討する帳票である。その帳票で表現される情報の対応を図 6.30 に示す。
　1)で変更点とした部品／設計パラメーター(i)、部品／設計パラメーターに関

上位部品	部品/パラメータ			上位機能	影響を受ける機能			
	名称	変更点/変化点	変更/変化内容		名称	影響の方向性	影響度合	影響内容
給紙部 リバースローラ	表面粗さ	変更点	摩擦係数を上げて、確実に2枚目の用紙を戻す	用紙をさばいて1枚のみを送り出す	用紙をローラ対で挟み込む			
					2枚目の用紙に戻り力を与える	↑		
					2枚目の用紙を戻す			
	押圧力	変更点	適切な値にまで小さくする	用紙をさばいて1枚のみを送り出す	用紙をローラ対で挟み込む	↓	(C)	
					1枚目の用紙に搬送力を与える	↓	S、	フィードローラによる搬送力が低下する。
					2枚目の用紙に戻り力を与える			
					2枚目の用紙を戻す			

（i） （ii） （iii） （iv） （v）

図 6.29 機能への影響の確認用帳票

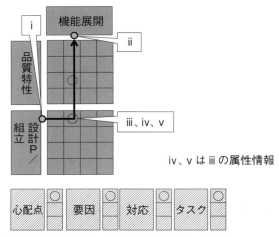

iv、v は iii の属性情報

図 6.30 機能への影響の確認用帳票と二元表との対応（②、③）

連した機能(ii)を検討時のインプットとしている。機能への影響の内容を検討するにあたり、「影響の方向性」(iii)では、部品／設計パラメーターの水準を変える際に機能が向上する場合は「↑」、悪化する場合は「↓」、相関があり変化の方向性が流動的な場合は「○」など、関係性の情報を選択する。影響の方向性が「↓」、「○」となる場合、部品／設計パラメーターの変更の影響が心配点となりうるため、その影響について、「影響度合」(iv)を大きいものから順に S、A、B、C の 4 段階で評価し、「影響内容」(v)を入力する。

3) 心配点の抽出

図 6.31 は、機能が悪化する方向に働く可能性があり、かつその影響度合が大きなものに焦点をあてて、心配点を抽出するための帳票である。その帳票で表現される情報の対応を図 6.32 に示す。

1) で変更点とした部品／設計パラメーター(i)、かつ2) で影響度合を S、A、B とした機能(ii)(iii)、その機能に関連した品質(iv)、さらには品質と機能の関係の

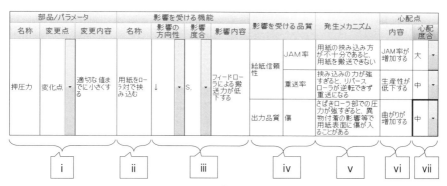

図 6.31 心配点の抽出用帳票

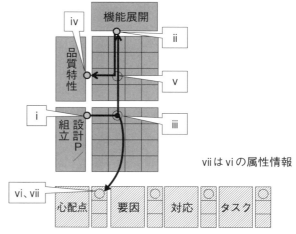

図 6.32 心配点の抽出用帳票と二元表との対応(②、③)

ノウハウである発生メカニズム(v)をインプットとしている。事前に発生メカニズムを社内知見として蓄積し、その情報を参考とすることで、心配点抽出時の思考の助けとすることができる。ここでは、インプットの情報を考慮し「心配点」(vi)を抽出し、「心配度合」(vii)を大、中、小の3段階で評価する。

4) DRBFM シートの検討

図 6.33 は、抽出した心配点に対し、その要因や対応、検証計画を検討するための帳票である。その帳票で表現される情報の対応を図 6.34 に示す。

3)で抽出した心配点(iii)に焦点を当て、その心配点と関連した2)で表記した

部品		機能	変更/変化点による心配点			発生メカニズム	心配点として考えられる要因		心配点に対してされた対応		検証優先度	検証項目			担当者
			担当者記入		dr で議論		要因(主なノイズ)	他にないか(要因)	担当者記入 or dr で議論	他にないか		検証項目	開始日	終了日	
			心配点(品質問題)	心配度合	他にないか										
給紙部	リバースローラ	押圧力	JAM率が増加する	大	-	用紙の挟み込みが不十分であると、用紙を搬送できない	用紙搬送のタイミングがずれることで意図しない動きとなる		紙の搬送状態を検知できるように	S.		検知方法の構築	01/26	03/29	中田
			用紙をローラ対で挟み込む			挟み込みの力が弱すぎると、リバースローラが逆転できず重送になる	生産性が低下する	中	2枚目以降にかかる紙の搬送力が大きすぎる	複数枚数搬送された場合でも検知できるように	A.		重送の検知方法の構築	01/26	03/29	中田
						さばきローラ部の圧力が強すぎると、異物付着の影響等で用紙表面にキズが入ることがある	曲がりが増加する	小								

| i | ii | iii | iv | v | vi | vii | viii | ix | x |

図 6.33 DRBFM シートの検討用帳票

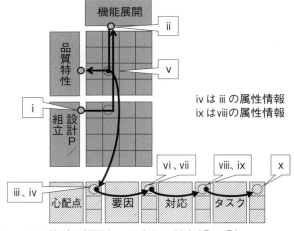

iv は iii の属性情報
ix は viii の属性情報

図 6.34 DRBFM シートの検討用帳票と二元表との対応(②、③)

部品／設計パラメーター(i)、および機能(ii)、発生メカニズム(v)をインプットとしている。ここでは心配点に関する要因(vi)分析の結果を入力し、心配点に対する対応の内容(viii)、その検証優先度(ix)、検証項目(x)を入力する。それらの結果をデザインレビューの場で共有し、他に新たに洗い出された心配点(iv)やその要因(vii)を入力し、その内容を受けて他の項目も再考することで、抜け漏れのない検討へとつなげる。

事例5：誤差因子考慮（品質工学）

本事例は、iQUAVIS を品質工学の方法論である「パラメーター設計」や「機能性評価」の検討プロセスにて活用することを想定したものである。ここでは、図 2.2 の②、③に示す基本二元表と⑦、⑩に示す外側二元表を活用し、以下の2つの検討プロセスで具体的に示す。

機能、または設計パラメーターに影響を及ぼす誤差因子をそれぞれ機能ノイズ、部品ノイズとし、社内知見を二元表の関係性の情報として事前に整理し、その関連性を参考として、実験計画立案へとつなげていく。

1）検討対象機能の選定

図 6.35 は検討対象と機能選定の経緯を残すための帳票である。その帳票で表現される情報の対応を図 6.36 に示す。

ここでは、事前に整理した機能の情報の一覧表示(i)をインプットとして、ばらつきを考慮する機能を「検討対象」「○」(ii)として選択、その判断理由や目標値などを「判断理由／目標値」(iii)に入力していく。

2）誤差因子の考慮

図 6.37 は、検討対象とする機能の働きの結果のばらつきに影響を及ぼす可能性のある誤差因子を検討し、実験計画へ落とし込むための帳票である。その帳票に表現される情報の対応を図 6.38 に示す。

1)で「検討対象」を「○」とした機能(i)、その機能に関連した部品／設計パラメーター(ii)、および機能ノイズ(ii)、部品／設計パラメーターに関連した部品ノイズ(v)が一覧表示され、その情報をインプットとしている。ここでは、機能、

機能		検討対象	判断理由/目標値
項目名			
用紙を収納する	用紙の幅方向の位置を決める		
	用紙の後端の位置を決める		
用紙の有無を検出する	用紙部に光を照射する		
	光を検出する（透過あるいは反射）		
用紙をさばき部に送り出す	用紙に搬送力を与える	○	JAM率改善にもっとも寄与する機能のため
	用紙先端をフィードローラ位置に移動させる		

（i）　　　　　　　（ii）　　　（iii）

図 6.35　検討対象機能の選定用帳票

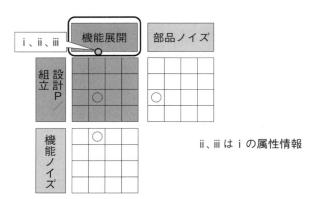

図 6.36　検討対象機能の選定用帳票とその対応（②、③、⑦、⑩）

または設計パラメーターに及ぼす影響を「関係性の強さ」(iii)、(vi)として評価しつつ、検証実施の必要性を検討する。検討の必要性の高いものについて、実験計画へと落とし込むこととし、その内容を「検討内容」(iv)(vii)に入力する。

6.3 具体的な活用事例

機能		上位分類	考慮すべき部品/設計パラメータおよび機能ノイズ			上位分類	考慮すべき部品ノイズ			
名称	判断理由/目標値	–	–	名称	関係の強さ	検討内容		名称	関係の強さ	検討内容
用紙に搬送力を与える	JAM率改善にもっとも寄与する機能のため	部品	ピックアップローラ	ゴム硬度	▼		初期	物性バラツキ	▼	
							耐久	物性変化	A,	
							環境(温湿度等)	物性変化		
				表面粗さ	▼		初期	物性バラツキ	B,	
							耐久	物性変化	A,	
				ゴム厚	▼		初期	寸法バラツキ		
							環境(温湿度等)	寸法変化		
				本数						
				軸方向の位置	▼		初期	寸法バラツキ	▼	
		部品	用紙押し上げ板	押し上げ圧	▼		初期	寸法バラツキ		
							耐久	寸法変化		
							環境(温湿度等)	寸法変化		
		部材仕様	形状仕様	直径	▼		初期	寸法バラツキ		
				円筒度	▼		初期	寸法バラツキ		
				真円度	▼		初期	寸法バラツキ		
								物性バラツキ		

| i | ii | iii | iv | v | vi | vii |

図6.37 誤差因子の考慮用の帳票

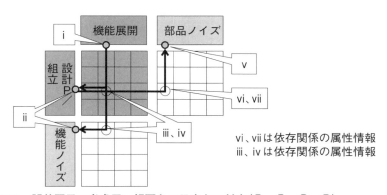

vi、viiは依存関係の属性情報
iii、ivは依存関係の属性情報

図6.38 誤差因子の考慮用の帳票と二元表との対応(②、③、⑦、⑩)

事例6：問題分析（FTA）

本事例は、QFD の考え方を踏まえて、iQUAVIS を用いて整理した知見を活用し、問題分析を実践することを想定した事例である。QFD は、二元表を用いてその因果関係を整理したものであり、その因果関係を品質問題の原因分析の仮説設定に活用するという考え方で、その概要は 4.4 節にて触れた。

ここでは、図 2.2 の②、③に示す基本二元表と⑦、⑩に示す外側二元表を活用し、以下の2つの検討プロセスで具体的に示す。ここでは事例5で活用した機能ノイズや部品ノイズに関する情報を問題分析へインプットした事例を紹介するが、例えば事例3で触れた故障モードなどの情報も、因果関係の情報のひとつとして活用できる。

1）品質問題の確認

図 6.39 は発生した品質問題を確認するための帳票である。その帳票に表現される情報の対応を図 6.40 に示す。

事前に整理した品質特性(ⅰ)の項目を一覧表示した情報をインプットとして、発生した品質問題がどの品質特性に対応するか検討し、品質問題の内容(ⅱ)とその影響の大きさを致命度(ⅲ)として検討結果を評価する。

図 6.39　品質問題の確認用帳票

6.3 具体的な活用事例

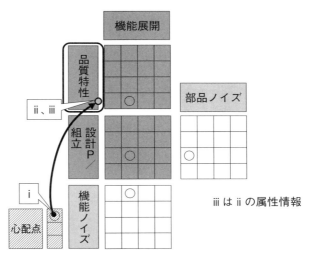

図 6.40 品質問題の確認用帳票と二元表との対応（②、③、⑦、⑩）

2）品質問題の原因分析

図 6.41 は、問題分析で活用するための帳票である。発生した問題に関連した因果関係の情報が一覧表示され、その情報を頼りに原因分析を進めていく。

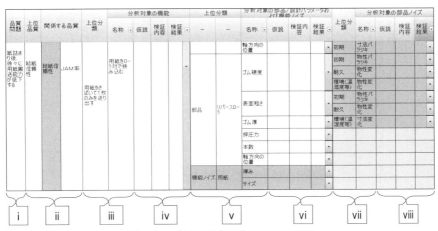

図 6.41 品質問題の原因分析用帳票

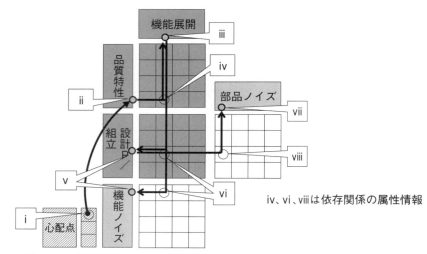

図 6.42 品質問題の原因分析用帳票と二元表との対応（②、③、⑦、⑩）

その帳票で表現される情報の対応を図 6.42 に示す。

1)で確認した品質問題(ⅰ)と、その品質問題に対応した品質特性(ⅱ)、その品質特性に関連した機能(ⅲ)、続いてその機能に関連した部品／設計パラメーターや機能ノイズ(ⅴ)、さらには部品／設計パラメーターに関連した部品ノイズ(ⅶ)の情報をインプットとしている。ここでは、発生した品質問題に対して原因となり得る関連情報を網羅的に確認し、その中から根本原因を探っていく。各項目に関して、原因と考えられるものについて、その原因の仮説(ⅳ)(ⅷ)を入力し、仮説を検証する際の検証内容(ⅳ)(ⅷ)を入力する。品質問題に対し、根本原因であることが確認された場合は、検証結果(ⅳ)(ⅷ)を「〇」、原因の可能性が残っている場合は「△」、原因ではない場合は「×」と選択し、検討プロセスが見える形に残していく。ここにはない項目が原因であった場合は、その項目を基本二元表、または外側二元表の知見として登録することで、次に活用する際の原因分析の観点を増やすことができ、検討の質向上へとつなげることができる。

引用・参考文献

1) 大藤正・小野道照・赤尾洋二：『品質展開法(1)』、日科技連出版社、1990 年
2) 永井一志：『品質機能展開(QFD)の基礎と活用』、日本規格協会、2017 年
3) 赤尾洋二編著：『商品開発のための品質機能展開』、日本規格協会、2010 年
4) 永井一志・大藤正編著：『第 3 世代の QFD』、日科技連出版社、2008 年
5) Darrell Mann 著、中川徹監訳：『体系的技術革新』、創造開発イニシアチブ、2004 年
6) 益田昭彦・本田陽広・高橋正弘：『新 FMEA 技法』、日科技連出版社、2012 年
7) 本田陽広：『FMEA 辞書』、日本規格協会、2011 年
8) 吉村達彦：『トヨタ式未然防止手法 GD^3』、日科技連出版社、2002 年
9) 田口玄一刊行委員長：『開発・設計段階の品質工学』、日本規格協会、1988 年
10) 電子写真学会編：『電子写真技術の基礎と応用』、コロナ社、1988 年
11) 熊坂治：「ものづくりプロセス革新のススメ」、第 67 回科学技術者フォーラム交流会、2015 年
12) 芝野広志：「品質工学の考え方の研究」、第 20 回品質工学研究発表大会、2012 年
13) 沢田茂：「iQUAVIS を活用した開発プロセス支援」、日本画像学会 2016 年度シンポジウム、2016 年
14) 柘植昌一・山田修・岡建樹：「コニカミノルタ BT ㈱における TRIZ/USIT 活用実践(2)」、第 3 回 TRIZ シンポジウム、2007 年
15) 岡建樹：「「QFD-Advanced」～QFD の更なる深化、更なる活用へ向けて」、第 23 回品質機能展開シンポジウム、2017 年
16) 水野直樹：「コニカミノルタ流の DRBFM」、クオリティフォーラム 2017、2017 年
17) 小林幸平：「若手技術者のための創造力開発〈その 2〉 ～創造力発揮のための技法～」、『TRIZ レター』、No.38、産業能率大学 TRIZ センター、2012 年
18) 日本 TRIZ 協会ホームページ （2018 年 11 月 26 日閲覧）
    http://www.triz-japan.org/
19) TRIZ ホームページ （2018 年 11 月 26 日閲覧）
    https://www.osaka-gu.ac.jp/php/nakagawa/TRIZ/
20) 野中郁次郎・竹内弘高著、梅村勝博訳：『知識創造企業』、東洋経済新報社、1996 年
21) ものづくり.com ホームページ
    https://www.monodukuri.com/gihou/article/867

索　引

【英数字】

1D モデル　119
1 次元モデル　119
DMM　132
DSM　131
DRBFM　51、145
　　——の実施フロー　49、52
　　——ワークシート　54、58
FMEA　38
　　——の実施フロー　38
　　——ワークシート　39
F-PP 二元表　63、66、68
FTA　100、154
iQUAVIS　126
MBD　119
Physical Property　62
PP-A 表　63、66、67
QFD　2
　　——の将来像　121
　　——の定義　2、12
QFD-Advanced　viii
　　——の定義　12
SN 比　92
SECI モデル　112
　　——と QFD-Advanced との関係　114
　　——と QFD との関係　113
SQC　7
TRIZ　83
　　——の定義　83
USIT　84
　　——オペレーター　84、87
VE　7

【あ　行】

アイデア発想対応外側二元表　85
アイデア発想法　80
　　——のプロセス　81
　　——の分類　81
悪魔のサイクル　v
暗黙知　112
一般的な故障モード　41
いもづる式ワークシート　19、20
オブジェクト　84

【か　行】

階層構造　3
カセット　29
画像形成装置　28
価値工学　7
感度　92
管理技術　vi
技術アイデア発想　24
技術情報の"使える化"　viii
技術の見える化　128
技術評価　24
機能　2、3
　　——で考える開発　115、117、118
　　——の安定性　92
　　——のフロー　62
機能影響検討表　70
機能間影響　62、121
　　—— DRBFM　70
機能間影響二元表　16、63
機能性評価　91
　　——のフロー　92、93
機能展開　7、14

機能展開−USIT オペレーター二元表　16、86
機能展開−機能ノイズ二元表　16、93、101
機能展開−設計パラメーター（部品や組立工程）二元表　15
機能−物理特性検討表　66
機能−物理特性相関表　63
機能フロー図　119
機能ブロック図　63、119
　　──とモデル式　120
基本機能　92
基本二元表　4、12、14
　　──の一覧　15
給紙搬送システム　28
強制連想法　81
共同化プロセス　112
業務の見える化　127、129
形式知　112
原材料／製造工程　2、14
　　──の変更影響分析　59
原材料／製造工程間影響二元表　16、59
原材料／製造工程−故障モード二元表　16
原材料／製造工程−製造ノイズ二元表　16
工程 FMEA　142
顧客要求品質　2、14
顧客要求品質−シーン展開二元表　16、78
顧客要求品質−品質特性二元表　15
誤差因子　89
　　──考慮　151
故障モード　15、38、141、144
ゴムローラ　33
固有技術　vi

【さ　行】

三角帽子　15
　　──の意味合い　17
シーン展開　15
次元の異なる情報　2
システム対応の FMEA　40
システムの機能間影響分析　62
システムの品質問題分析　101
自由連想法　81
手法相互間の連携　24、27
商品化プロセス　23
商品の品質特性　2
情報の整理　24
進化型 QFD　viii
摺り合せ型　4、5
制御因子　91
製造工程ブロック図　34、35
製品のアーキテクチャ　4
設計 FMEA　138
設計検討　24、132
設計パラメーター（部品）　2、14
設計パラメーター（部品）−原材料／製造工程二元表　15
設計パラメーター（部品）−部品ノイズ二元表　16
設計パラメーター／組立工程−故障モード二元表　16
設計パラメーター−組立工程間影響二元表　16
設計パラメーター−部品ノイズ二元表　94、102
創造技法　80
外側二元表　12、15
　　──表の一覧　16

【た　行】

第1世代の QFD　121

第 2 世代の QFD　　121
第 3 世代の QFD　　121
タイミングローラ　　29
中間生成物　　33、35
直交表　　92
ツリー　　3、131
鉄道システム　　27
展開整理　　2、3
電子写真技術　　63
　　——の機能のフロー　　63、64
統計的品質管理　　7
同次元情報間影響外側二元表　　15、18

【な　行】

内面化プロセス　　112
二元表　　132
　　——でつなぐ　　2、4
　　——のネットワーク　　13、14
ノイズ　　15、91
乗換案内サービス　　27

【は　行】

パラメーター設計　　91
　　——検討用ワークシート　　95
　　——の進め方のフロー　　91
判断の見える化　　128、130
汎用技術　　vi
ピックアップローラ　　29
独りよがりの開発　　117
表出化プロセス　　112
品質工学　　87、151
　　——の思想と方法論　　89
品質で考える開発　　115、116
品質特性　　14

品質特性－機能展開二元表　　15
品質表　　15、76
ヒント集　　81
フィードローラ　　29
物理特性　　62、119
　　——影響検討表　　66
　　——影響表　　63
部品－USIT オペレーター二元表　　16、87
部品対応の FMEA　　45
部品の変更点影響分析　　52
部品品質問題分析　　104

【ま　行】

見える化　　viii
未然防止手法　　37
モジュラー型　　4、5
モデル式　　119
モノで考える開発　　115、116
ものの機能　　84
ものの性質(属性)　　84
問題分析　　154
　　——用ワークシート　　104

【や　行】

用紙　　29

【ら　行】

リバースローラ　　29
類比思考法　　81
連結化プロセス　　112

【わ　行】

ワークシート　　132

【著者紹介】

岡　建樹　（おか　たてき）
理工系大学物理学専攻修了後、ミノルタ㈱(現コニカミノルタ㈱)に入社。電子写真要素技術の開発、複写機やレーザービームプリンタ、プロダクションプリンタなどの製品開発に従事。その後、情報機器開発部門で、QFD や品質工学などの手法を統合した開発プロセス工学(コニカミノルタの造語)の活用推進も兼務。2011 年よりコニカミノルタ㈱技術顧問。2016 年より㈱ISID エンジニアリング技術顧問。

奈良岡　悟　（ならおか　さとる）
工学系研究科精密機械工学専攻修了。精密機器メーカーにて生産技術職に従事、要素技術開発や生産準備を多数経験。その後、㈱電通国際情報サービスにて、IT ツール「iQUAVIS」のコンサルタント、エンジニアとして、電気・精密機器業界を中心に製品開発業務の効率化や不具合未然防止に向けた実務適用・定着支援を実践。製品開発業務の改革を目的とした知見整理・活用の仕組み構築や適用支援を推進中。

進化型 QFD による技術情報の "使える化"
FMEA・DRBFM・品質工学・FTA・TRIZ の効率的活用

2019 年 2 月 27 日　第 1 刷発行

著　者	岡　　建樹	
	奈良岡　悟	
発行人	戸羽　節文	

検印省略

発行所　株式会社 日科技連出版社
〒151-0051　東京都渋谷区千駄ヶ谷 5-15-5
DS ビル
電　話　出版　03-5379-1244
　　　　営業　03-5379-1238

Printed in Japan　　印刷・製本　㈱リョーワ印刷

© Information Services International-Dentsu Ltd. 2019
ISBN 978-4-8171-9661-3　　URL http://www.juse-p.co.jp/

本書の全部または一部を無断で複写複製(コピー)することは、著作権法上での例外を除き、禁じられています。